青少年
亲子编程

趣学Python

（全彩 微课版） 黄明游◎著

中国水利水电出版社
www.waterpub.com.cn

·北京·

内 容 提 要

本书以开发一款对战游戏为主线，讲述了一架战机为了守护地球而勇战外星怪兽的故事。从游戏的构思和设计开始，再通过 Python 语言将设计在程序中落地实现。全书设计了 34 个课程章节共 53 个 Python 编程实验，这些实验既是完整游戏场景下的细分任务，也是 Python 编程知识的分解学习。精心的编排设计使得这些实验在局部上顺应了读者由易到难的学习曲线，在整体上也能实现游戏情节的前后衔接和环环相扣。这种方式摈弃了教条式的理论灌输，将编程知识以润物无声的方式融入到具体的实验任务中。这不仅能充分激发读者的学习兴趣、创造力和探索欲望，也会在一级级的挑战过程中不断获得成就感，更能在不知不觉中完成 Python 编程从入门到精通的蜕变。

图书在版编目（CIP）数据

青少年亲子编程：趣学 Python：全彩微课版 / 黄
明游著 . — 北京：中国水利水电出版社，2024. 6.
ISBN 978-7-5226-2529-4

Ⅰ . TP311.561-49

中国国家版本馆 CIP 数据核字第 2024T506N2 号

策划编辑：王新宇　　　责任编辑：王开云　　　封面设计：杨玉兰

书　　名	青少年亲子编程——趣学 Python（全彩 微课版） QINGSHAONIAN QINZI BIANCHENG——QUXUE Python (QUANCAI WEIKE BAN)	
作　　者	黄明游　著	
出版发行	中国水利水电出版社 （北京市海淀区玉渊潭南路 1 号 D 座　100038） 网址：www.waterpub.com.cn E-mail：mchannel@263.net（答疑） 　　　　sales@mwr.gov.cn 电话：（010）68545888（营销中心）、82562819（组稿）	
经　　售	北京科水图书销售有限公司 电话：（010）68545874、63202643 全国各地新华书店和相关出版物销售网点	
排　　版	北京万水电子信息有限公司	
印　　刷	天津联城印刷有限公司	
规　　格	170mm×230mm　16 开本　12.5 印张　203 千字	
版　　次	2024 年 6 月第 1 版　2024 年 6 月第 1 次印刷	
印　　数	0001—3000 册	
定　　价	68.00 元	

致家长和小读者

　　我是一个 9 岁孩子的父亲。有一天儿子突然找到我希望我能教他编程，因为他有好多同学和朋友都在学编程了。孩子能主动地提出学习的诉求，我一定要支持啊！于是我就找了很多的 Python 教程，但发现都不太适合孩子的入门学习。有些教程太过于理论化，而有些则太枯燥了，难以激发孩子的学习兴趣。我心目中好的编程入门教程一定要能够一下子抓住孩子的心，激发他的学习兴趣和探索欲望。

　　很快，我就有了和他一起动手打造一款战机游戏的想法，并期望在这个过程中让他循序渐进地接触编程的知识。就这样，我们开启了每周一次的 Python 游戏编程亲子学习之旅。

　　"妈妈，快来看！我能控制这架战机的移动了！"

　　"哇，怪兽被子弹消灭了！"

　　在这里，每一个小小的成就和突破都会让他欢呼不已，并不时地到妈妈那里炫技和求赞。而那些晦涩难懂的编程理论则被他潜移默化地吸收和消化，他也举一反三地将学到的知识创新应用在实际编程需求中了。

　　在学习过程中，他有时也会被各种概念搞晕，如变量、循环、函数和类等。这些概念对于初次接触编程的孩子来讲，难以理解但却十分重要。为了帮助他更好地理解，我会尽量站在孩子的视角，使用画图和类比的方法给他耐心解释，让他能够不仅知其然，更能知其所以然。

　　亲子编程现在已经成了他每周最期待的事情！这本教程也慢慢有了雏形。为了帮助更多想要学习 Python 编程的小朋友，我也正式编写了本书。针对那些知识难点，我也精心制作了一个个简短的动画视频，读者可以在课程中的对应位置用手机扫码的方式打开观看。

有些家长可能会担心以游戏为主题会不会对孩子有不良的导向。我觉得大可不必担心，因为喜欢游戏本来就是人类的天性。喜欢游戏和沉迷游戏是两个概念，从心理学角度来说，对任何虚拟事物的沉迷都是对现实世界无法实现的补充。我个人觉得关键在于多一些生活中的陪伴、认同和鼓励，充实他们的精神世界，进而引导他们建立健康的游戏观。

我也强烈建议家长陪同孩子一起完成学习，家长的陪伴可以让孩子的学习过程更顺利、更轻松，也可以借此促成更和谐的亲子关系。你们可以共同挑战困难，庆祝闯关的胜利，也可以一起讨论程序的设计创意，让你们的作品与众不同。

如果家长熟悉 Python，那自然是最好的，这样你就可以轻松地依据本书的设计逐步引导孩子入门学习。如果家长没有编程基础，也完全不用担心，只要你具备基本的电脑操作和英语基础，也完全可以借此机会和孩子一起学习这门不错的编程语言。

理解编程和编程语言

什么是编程

简而言之,"编程"就是编写程序的意思。那么"程序"是什么?"程序"就是你告诉计算机的"一段话",它会完全遵照你说的这段话去做事情。

如图 II-1 所示,我们周围有各种各样的计算机,常见的有台式电脑、笔记本电脑、Pad、智能手机、手表等。这些在计算机上运行的一个个应用软件(App)就是程序员们编写出来的。这些应用软件有的可以用来和朋友们通话、发消息,比如微信;有的可以用来买东西支付费用,比如支付宝;有的可以用来拍照、制作视频、学习知识和玩游戏等。

图 II-1

本书就来带领大家用 Python 编写程序,实现一款人机对战游戏的设计和开发。

Python 是什么

人与人之间对话会用到各种语言，如汉语、英语、日语等。那么，人与计算机对话用什么语言呢？现在比较流行的有 Python、Java 和 C 语言等。本书将采用 Python 编写程序，让计算机听得懂你说的话，并执行你下达的指令。

Python 的功能非常强大，现在全世界每天有成千上万的人在用 Python 编写各种程序，分布在游戏开发、图像和视频处理、数据分析和人工智能等各个领域，它也是当前最流行的编程语言之一。

但是不用担心，Python 学习起来一点也不难，它也是最适合新手入门的编程语言。本书会一步步带着你，设计一款战斗机和怪兽对战的游戏，并用 Python 把它编写出来。在这个过程中，本书会巧妙地把 Python 的编程知识融入其中，由易到难，由浅入深，让你轻轻松松地掌握编程知识和技巧。你更可以自由发挥自己的创意，让你的游戏与众不同。怎么样，是不是很期待呢？

知识加油站

看动画　学编程

在微信公众号"黄爸爸教编程"中输入"编程"，或者使用手机扫码观看视频，进一步理解什么是编程和编程语言。

微信

B 站

编程环境的准备

学习之前需要在家长的帮助下完成以下准备。

一台普通的电脑，可以是台式电脑，也可以是笔记本电脑。可以是 Windows 操作系统，也可以是苹果的 MacOS 系统。

在计算机上安装 Python：就像前文所说，Python 是我们和计算机对话的语言，但在没有安装 Python 之前，计算机根本听不懂你用 Python 语言说的话。在计算机上安装 Python，就是让计算机能理解 Python 语言。

在计算机上安装 Python 的开发环境（IDE）：就像你写文档需要安装 Office 的 Word 一样，你需要安装一个用来编写程序的工具，我们称之为开发环境。它是你和计算机用 Python 语言进行对话、交流的场所。

安装 Python

万事开头难，编程环境的安装可能就是你学习编程的第一个拦路虎。你有可能不太熟悉计算机，也可能会在安装过程中遇到各种困难。不用担心，这方面网上也有很多的教程，你可以按照这些教程一步步地操作。如果安装过程中遇到问题，你可以根据报错的信息上网查询，也可以向家长或朋友们寻求帮助。

下面以 Windows 为例进行安装。

使用网页浏览器进入 Python 的官网 https://www.python.org/。

如图 III-1 所示，点击页面上的"Downloads"菜单。

图 III-1

在弹出窗口中点击"Python 3.12.0"按钮,下载 Python 的最新版本,如图 III-2 所示。

图 III-2

下载完成后,即可像任何其他软件一样进行安装。

如图 III-3 所示的两个选项建议勾选。

图 III-3

最后，系统会提示我们安装成功，如图 III-4 所示。

图 III-4

安装 Python 的开发环境（IDE）

Python 开发环境的安装有很多选择，本书建议大家统一安装免费的 Pycharm 社区版。

进入 Pycharm 官网 https://www.jetbrains.com/pycharm/download/?section=windows#section=windows，在官网首页的左下方可以看到 Pycharm 社区版的下载按钮，如图 III-5 所示。

图 III-5

接下来和安装其他软件一样安装 Pycharm 即可。

使用默认的安装地址，如图 III-6 所示。

图 III-6

勾选安装选项，如图 III-7 所示。

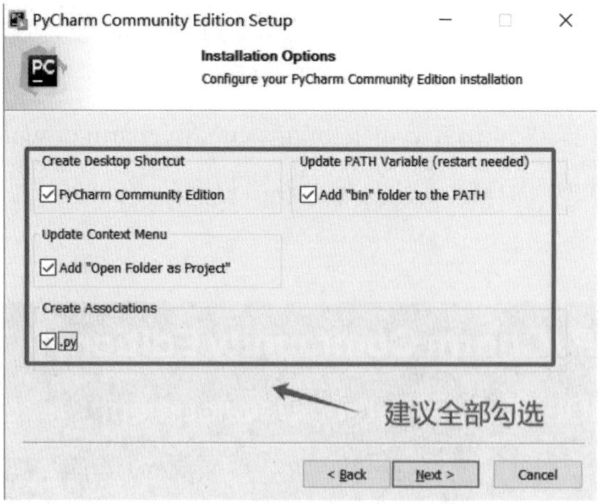

图 III-7

最后点击"Install"按钮，等待最终安装的完成。

如果一切顺利，那么恭喜你，你已经向 Python 编程跨出了重要的一步。如果你在安装 Python 或者 Pycharm 的过程中遇到任何问题，可以根据错误提示上网查询解决的办法，或者向家人和朋友们求助，你也可以通过公众号向我提问求助。

读者互动

资料下载

可以通过以两种方式获取本课程配套的源代码和游戏素材文件。

- 通过浏览器打开链接：https://pan.baidu.com/s/1B25fsc3eva_PH26FMCCDCw。
- 使用百度网盘 App 扫描右侧二维码。

文件提取码：PY88

给我留言

如果您在学习过程中遇到任何疑惑或困难，或者对本书的内容有任何建议，再或者有任何有趣的想法要和我分享，都欢迎扫描右侧二维码关注"黄爸爸教编程"这个微信公众号，您可以在那里给我留言，我也会尽量在第一时间回复。

黄爸爸教编程

V 游戏角色 介绍

战机坦迪

它是地球的忠诚守护者。面对外星怪兽的疯狂入侵，它毫无惧色地英勇奋战。

技能
★发射子弹和炸弹
★攻击怪兽

它是邪恶的外星怪兽首领，在魔咒的驱使下向地球疯狂进攻以侵占领地。

技能
★撞击地球
★生命值：3

大脸怪

外星小怪

它们是怪兽墓场产生的各种小怪，在大脸怪的带领下撞击地球,意图毁灭地球上的人类。

技能
★撞击地球
★生命值：1

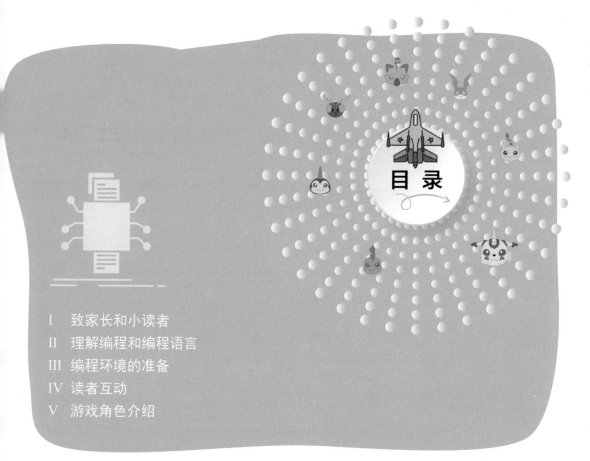

目 录

Python 修炼第 ④ 级：炉火纯青 ……………… 129

Python

修炼第①级：
初出江湖

级别目标: 掌握 Python 的基本技能

作为一只 Python 菜鸟，一上来就开始编写游戏程序还是有些难度的，至少在我们正式开始设计和开发 Python 游戏程序之前，首先要学会一些 Python 最基本的语法和编程技巧。就当是先热热身吧！

完成本级修炼，你将掌握以下技能：

🔍 熟悉 Pycharm 的编程环境

🔍 编写简单的 Python 代码和创建程序文件

🔍 掌握 Python 的基础语法

★ 变量和数据类型的概念

★ 理解列表的概念和应用

★ 掌握条件判断的语法

★ 掌握计数循环和条件循环的语法

★ 理解函数的作用并掌握其语法

★ 理解模块的概念和作用

第①课
开始你的第一行程序代码

第 1 课，我们先掌握如何在 Pycharm 上创建一个 Python 项目，并使用 Pycharm 的工作台实现和 Python 的简单"对话"。

1.1 实验场：创建一个 Python 项目

双击电脑桌面上的 Pycharm 图标，打开 Pycharm 程序，如图 1-1 所示。

图 1-1

这时 Pycharm 会弹出如图 1-2 所示的窗口，让我们创建一个程序项目。

图 1-2

点击"+"号图标代表的"New Project"，表示我们要创建一个新的程序项目。
这时会弹出一个新的窗口，如图 1-3 所示。

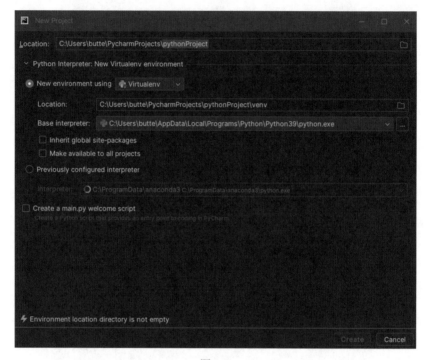

图 1-3

可以看到，界面第一行"Location"文本框内显示"C:\Users\butte\Pycharm-
Projects\pythonProject"。

其中，最后的"\"后面的"pythonProject"，代表的是新建程序项目的名称
和在电脑中存放程序文件的位置，我们给它改个名字，把它改成"planegame"。
这是两个英文单词"plane"和"game"的结合，代表"飞机游戏"的意思，如
图 1-4 所示。

图 1-4

接下来点击"Create"按钮。Create 是创建的意思，表示要创建这个程序项目。
这时 Pycharm 会打开一个新的窗口，如图 1-5 所示。

图 1-5

用鼠标点击左上角的文件夹图标，这时左侧的窗口就会显示程序的项目名称了，如图 1-6 所示。

图 1-6

提示：本书程所有内容均在"planegame"这个项目中完成，因此只需创建这一个项目即可，不需要每次打开 Pycharm 都再次创建。

1.2　实验场：在控制台使用 Python 和计算机"对话"

点击左下方的第一个像蟒蛇一样的图标，就会打开 Python 的"控制台"，如图 1-7 所示。

图 1-7

控制台是我们用 Python 语言和计算机对话的窗口，现在我们已经准备好用 Python 程序语言和计算机对话了。

在控制台中，我们可以轻松找到">>>"的位置，这里就是输入 Python 代码的地方。在这里我们输入如下代码：

```
1+1
```

输入完成后，按下键盘上的回车键（Enter）。看看控制台有什么反应？是不是和图 1-8 中的结果是一样的？

图 1-8

没错，控制台的回应是"2"！

至此，你的第一行代码就运行成功了。是不是很简单？

在这个过程中，你输入了一行 Python 代码，这个代码就是"1+1"，控制台接收到了你的程序指令，理解了你的意图并执行了这个运算请求，最后把计算的结果在控制台上输出给你。

虽然这个计算指令并不复杂，但这是你第一次用程序代码的形式和计算机"对话"了，这是一个很大的跨越！后面我们就可以用 Python 语言让计算机做更多更复杂的事情了。

相信你现在也迫不及待想要让控制台做一些更复杂的事情了吧？那我们一起来试试吧！

在控制台的">>>"后面输入以下代码：

```
234+789
```

看看计算机算得怎么样？是不是又快又正确呢？

接下来再给它提高点难度，输入以下代码：

```
25*2/10
```

其中的"*"号代表数学中的乘法，"/"代表数学中的除法。你自己验算一下，看看它算得对吗？

1.3　知识小结和拓展

※ 掌握在 Pycharm 中创建 Python 项目的方法。

※ 熟悉 Pycharm 的控制台。

※ 能通过 Pycharm 控制台输入 Python 程序指令。

※ 熟悉 Python 加减乘除的语法。

◆ 加法：+。

◆ 减法：-。

◆ 乘法：*。

◆ 除法：/。

1.4 课后练习、探索和创新

1．整体关闭 Pycharm 的状态下，重新打开 Pycharm，熟悉 Pycharm 的窗口。

2．打开 Pycharm 的控制台，然后关闭工作台。如此反复 3 次。

3．在 Pycharm 控制台中完成以下应用练习。

（1）家里已经有 4 个苹果，妈妈今天又买来 10 个苹果，哥哥和我各吃了 1 个苹果，现在家里有几个苹果？在控制台中输入算式，并得到正确的数字答案。

（2）妈妈把上题中剩余的苹果榨成苹果汁，每 3 个苹果就可以榨出 1 杯可口的苹果汁，这些苹果能榨出几杯苹果汁呢？

第②课
使用"变量"

"变量"是计算机编程中非常重要的概念，我们一定要好好理解它。简单来说，变量就像是计算机内存中的小盒子。我们可以在变量中存放想要处理的数据（比如数字、文本、图片等）。然后，当我们编写程序时，就可以使用这些变量来引用或操作这些数据。

2.1 实验场：3 斤苹果的价钱

那么怎么才能深刻理解变量呢？我们先在 Python 的控制台里试试一些代码，再来慢慢思考。

上一课我们知道在 Python 的控制台可以输入数学算式，Python 会告诉我们计算的结果。今天我们再试一试计算这个问题：妈妈今天去水果摊买水果，苹果是 8 块钱一斤，妈妈买了 3 斤，请问妈妈要付多少钱呢？相信这个问题你口算都没有问题吧，不要着急，我们先让 Python 帮我们算一下。

在控制台输入：

```
3*8
```

一点也不惊讶，Python 返回的结果是 24。

接下来，我们用另外一种方式来试试，在控制台输入：

```
apple_price = 8
```

按下回车键执行这条指令，好像计算机没有什么反应。但实际上我们已经在计算机里面创建了一个"变量"，并且我们还给它起了个名字，叫"apple_price"。apple 是苹果的意思，price 是价格的意思，两个单词连接起来就是"苹果的价格"的意思，也就是告诉计算机我们用"apple_price"这个变量表示苹果的价格。变量后面的"= 8"，我们称之为给变量"赋值"，也就是告诉计算机"apple_price"这个变量的值是 8。

"apple_price"这个变量我们已经把它放在计算机里面了，接下来我们就可

以使用它了。请在控制台输入以下指令试试：

```
3 * apple_price
```

怎么样？这时是不是同样也返回 24 这个结果？现在再来理解一下变量的含义，是不是更容易理解了？实际上，你可以把变量理解成你在计算机里面放了某个"东西"，然后给这个"东西"贴了一个标签，这个标签就是变量的名称。上面的例子里，"apple_price"就是这个标签，也就是变量的名称。使用变量最大的好处是，我们不需要记住变量里面的"东西"是什么，只要告诉计算机变量的名称就可以了。

我们可以多次反复地使用同一个变量，请你在控制台中输入以下代码试试，在计算机返回结果之前，先想一想可能的结果，再和计算机返回的结果对照验证一下：

```
4 * apple_price

5 * apple_price

apple_price * 10
```

怎么样？返回的结果是不是和你想的一样呢？

现在我们要学一点新的知识了：存在变量里面的"东西"是可以更换的。前面我们用"apple_price = 8"这行指令给 apple_price 这个变量"赋值"为"8"。那么，假如苹果的价格今天涨了 1 块钱，怎么办呢？

我们可以重新给 apple_price 赋值，即"apple_price = 9"，我们一起来试试以下代码：

```
apple_price = 9
3 * apple_price
```

这时计算机返回的结果应该是 27 了。

从上面的实验我们可以看到，变量可以参与运算，也可以被重新赋值。

实际上，变量不仅可以存放数字，也可以存放文字、图片、声音和视频等。我们后面会慢慢学到这些知识。

2.2　知识小结和拓展

米 变量是我们创建并存放在计算机里面的一个"东西"。

❋ 我们要给创建的变量贴一个"标签",也就是变量的名称。

◆ 一般我们用英文单词或者单词的缩写来命名变量。

◆ 程序员们对变量的命名有约定俗成的规范,如"小驼峰法""大驼峰法"和"蛇形法"等,本书统一采用"蛇形法"。

➢ 小驼峰法:变量命名时,第一个字母是大写字母,其他都是小写字母,如 Firstname、Lastname 等。

➢ 大驼峰法:变量命名时,每一个单词的首字母都是大写,其他都是小写,如 FirstName、LastName 等。

➢ 蛇形法:变量命名时,使用下画线来分隔单词,如 first_name、last_name 等。

❋ 我们可以在创建变量的时候给它赋值,也可以随时重新给它赋新值。

❋ 变量可以通过变量名被引用并参与各种运算。

❋ 变量里面存放的东西可以不仅是数字,也可以是文字、图片、声音和视频等。

知识加油站

看动画 学编程

在微信公众号"黄爸爸教编程"中输入"变量",或者使用手机扫码观看视频,进一步理解什么是变量。

微信

B 站

2.3　课后练习、探索和创新

1．甲、乙两地相距 200 公里，一辆小汽车以每小时 80 公里的稳定速度从甲地开往乙地，请问需要多长时间？要求把汽车的速度定义为一个变量，在 Python 的控制台中完成代码，并准确地运行出结果。

2．继续上一题，乙、丙两地相距 300 公里，汽车的速度不变的情况下，从乙地开往丙地需要多久？要求使用第 1 题中已经定义的变量计算。

3．接着上面两题的内容，假如汽车的速度增加到 100 公里每小时，请用 Python 代码计算一下从甲地到乙地，以及从乙地到丙地分别需要多长时间。要求继续使用第一题中已经定义的变量。提示一下：这次汽车的速度变了，别忘了给这个变量重新赋值。

家长们也可以结合本书内容和上面的例题给小朋友们出一些类似的小练习。

第③课
编写一个真正的程序

在前面的课里，我们在控制台输入 Python 代码实现了和计算机的交互。每次输入一行代码，控制台就执行一行代码。实际上将来我们要编写的程序会有很多行代码，使用控制台就不方便了。其实控制台的主要作用是临时调试和程序代码的验证，真正用来编写 Python 程序的是代码窗口。从这节课开始，我们要在 Pycharm 的代码窗口里写代码，然后在控制台测试并验证代码。

3.1 实验场：换个方式算算 3 斤苹果的总价

步骤 1：创建一个程序文件。

打开 Pycharm 界面，在 Pycharm 左侧的项目栏内找到我们在第 1 课创建的"planegame"项目。点击鼠标右键，在弹出的菜单中选择"New"，在弹出的子菜单中再选择"Python File"，如图 3-1 所示。

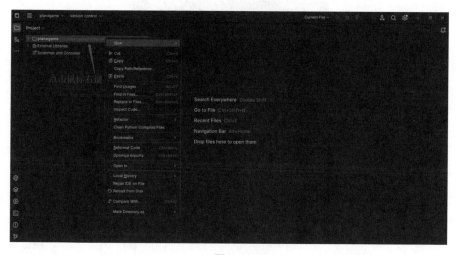

图 3-1

在弹出的小窗口中输入文件的名称，这里我们输入：lesson3.1.py。完成后就可以看到如图 3-2 所示的代码窗口。

图 3-2

步骤 2：在代码窗口编写程序代码。

现在我们可以开始在代码窗口编写代码程序了。我们先使用之前熟悉的代码编写一段程序：

```
apple_price = 8
amount = 3 * apple_price
print(amount)
```

在 Pycharm 的代码窗口中展示如图 3-3 所示。

图 3-3

这段程序的第 1 行是一段"注释"，它由"#"号开始。Python 发现这一行的第一个字符是"#"号，就知道它是一行"注释"了。"注释"不是可执行的代码指令，它是我们添加在代码行中帮助我们自己理解程序含义的。因为将来程序代码可能会很多，时间长了我们容易想不起来某些代码是什么意思了，所以添加一些"注释"来帮助我们回忆和梳理代码逻辑。经验丰富的程序员会习惯性地给代码加上充分的"注释"，因此我们平时也要养成给代码加"注释"的好习惯。

第 2 行和第 3 行我们之前学习过了。第 2 行定义了一个苹果价格的变量,并赋值为 8。第 3 行则计算了 3 斤苹果的总价。

第 4 行我们之前没有学习过,理解它之前我们先来学习下"函数"的概念。"函数"这个概念,作为编程小菜鸟的我们现在理解起来可能会有些困难,但这个概念很重要,后面还会不断地接触它。现在我们可以先大概了解即可。

函数:Python 的函数可以简单理解为能实现某个特定功能而编写的、可以反复使用的一段代码。

内置函数:Python 自带的函数称为内置函数。

自定义函数:我们自己用程序代码写出来的函数,称之为自定义函数。

print() 是 Python 的内置函数。英文单词"print"是打印的意思,print(amount) 就是让 Python 在控制台输出 amount 这个变量的内容。这里的小括号 () 必须在英文状态下输入。

注意:python 语法中涉及各种符号,如小括号(())、中括号([ ])、大括号({})、冒号(:)、逗号(,)等,都必须在英文的输入法下输入。符号使用不当是 Python 初学者最常见的错误了。如果你的程序运行错误,一定要先看看是否犯了这个错误。

既然代码已经就绪,接下来就可以让 Python 运行它了。

步骤 3:运行程序代码。

点击 Pycharm 工具栏上方右侧代表"运行"的三角符号,程序就可以运行了,如图 3-4 所示。

图 3-4

我们可以在 Pycharm 的工作台中看到程序运行的结果,如图 3-5 所示。

图 3-5

恭喜你！如果你也得到同样的结果，那么到此为止，我们成功地在 Pycharm 的 "planegame" 项目下创建了一个 python 程序文件，在里面编写了 3 行代码，然后让它在 Pycharm 里面成功运行了。

现在我们把 Pycharm 的整个窗口关闭，然后再次点击 Pycharm 的图标打开 Pycharm 窗口，看看 lesson3.1.py 这个程序文件是否还在？是的，这个程序文件被保存到了 "planegame" 项目中。这正是控制台和代码窗口的区别，在代码窗口编写的程序文件可以被保留下来，下次你还可以打开它、修改它，或者重复运行它。

3.2　知识小结和拓展

🦋 掌握如何在 Python 的项目中创建一个程序文件。

🦋 学会在代码窗口中书写一段代码程序。

🦋 学会在 Pycharm 上运行写好的 Python 程序。

🦋 学会在程序中添加注释。

注释是程序中不可运行的描述性说明，通常我们以下使用两种注释方法。

◆ 单行注释：以 "#" 号开头的一句话。如：

#这是一行注释

◆ 多行注释：使用一对三引号 """ 包围的一段话。如：

"""

使用三个连续的双引号分别作为注释的开头和结尾。

可以一次性注释多行内容或单行内容。

"""

注：也可替换使用 3 个单引号（'）。

⁂ 大致理解函数的概念：它是实现某个特定功能的可以重复使用的一段代码（代码程序）。

⁂ 函数分为以下两种。

◆ 内置函数：Python 语言本身自带的函数。

◆ 自定义函数：程序员自己写的函数。

⁂ print() 是 Python 的内置函数，它实现的功能是向控制台输出括号内的具体值。

⁂ 除了 print()，Python 还有很多其他的内置函数，我们在以后用到的时候再学习它们。

3.3　课后练习、探索和创新

1．在 planegame 项目下创建一个新的程序文件，程序文件命名为 practice3.py。

2．工厂每天可生产 406 个玩具熊，照这样计算，请在 practice3.py 程序文件中编写程序代码回答以下 3 个问题。

（1）每个星期（7 天）能生产多少个玩具熊？

（2）每个月（30 天）能生产多少个玩具熊？

（3）每年（365 天）能生产多少个玩具熊？

建议：①将每天可生产玩具熊的数量定义为变量；②使用 print() 函数分别输出 3 个问题的计算结果。

第❹课
列表

Python 列表是可以同时存放多个数据的一种数据容器。

4.1　实验场：水果摊赚不赚钱

小杨的爸爸是水果摊的摊主，他在表 4-1 里面记录了最近 10 天的水果摊收入情况：

表 4-1

第 1 天	第 2 天	第 3 天	第 4 天	第 5 天	第 6 天	第 7 天	第 8 天	第 9 天	第 10 天
354 元	467 元	448 元	902 元	690 元	873 元	878 元	992 元	301 元	838 元

水果的进货成本（买入水果的价钱）是销售收入（卖给客户的价钱）的一半，水果摊位每天的成本是 200 元。

小杨的爸爸想知道这 10 天他一共赚了多少钱，你能用 Python 程序算出结果告诉他吗？

我们大致的想法是不是可以这样呢？

1. 先算 10 天总的销售收入，它是每天收入的总和。

2. 再算水果的进货成本，它是总收入的一半。

3. 把总的销售收入减去总的进货成本，计算出卖水果赚到的差价收益。

4. 最后还要减去 10 天的水果摊位成本，就能算出赚了多少钱了。

思路有了，我们赶快用 Python 编程实现它吧。

步骤 1：在 planegame 的项目内创建一个新的 python 文件，命名为 lesson4.1.py。

步骤 2：在代码窗口书写以下代码：

```python
# 定义一个变量存放每天的水果销售收入
income_list = [354, 467, 448, 902, 690, 873, 878, 992, 301, 838]
# 计算总收入
```

```
total_income = sum(income)
# 计算总成本
total_cost = total_income * 0.5
# 计算销售差价收益
gross_income = total_income - total_cost
# 最后还要减去 10 天水果摊位的费用
net_income = gross_income - 200 * 10
# 把计算结果输出到控制台
print(net_income)
```

步骤 3：运行程序代码。

这里我们再补充介绍一下运行程序的 3 种方式，我们可以根据习惯选择其中一种即可。

方式 1：在项目文件窗口右键点击"lesson4.1py"这个文件，点击"Run 'lesson4.1'"这个菜单便可运行程序，如图 4-1 所示。

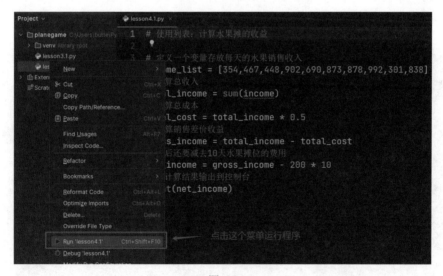

图 4-1

方式 2：在 Pycharm 顶部右侧，点击下拉菜单可找到"Current File"选项，在选项的右侧点击代表运行的三角形按钮，也可运行当前程序，如图 4-2 所示。

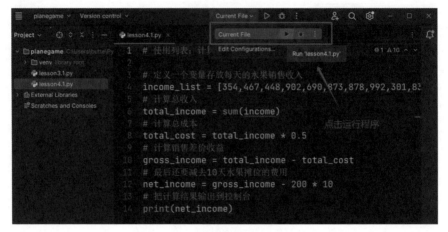

图 4-2

方式 3：在程序代码窗口，点击鼠标左键的同时上下移动鼠标，即可选中要运行的程序代码，再点击鼠标的右键，在弹出的菜单里面选择 "Execute Selection in Python Console"，如图 4-3 所示。

图 4-3

在程序运行完成后，我们就可以在控制台看到程序的输出结果了。如图 4-4 所示，在控制台我们可以看到运行的结果是 1371.5。在控制台的右侧，我们也可以看到在程序中定义的各个变量和变量的值，方便查看和验证。

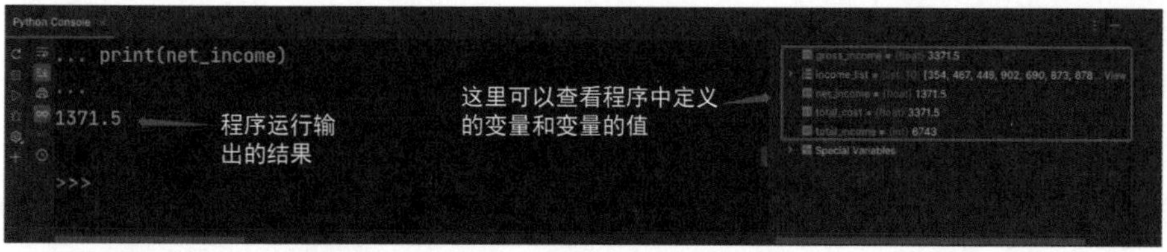

图 4-4

接下来我们进一步逐行学习每一行代码，确保我们能够完全理解。

步骤 4：程序代码的理解。

income_list = [354,467,448,902,690,873,878,992,301,838]

英文单词"income"是收入的意思，"list"是列表的意思，两个单词连接起来意思是"收入列表"。在代码中我们用"income_list"作为变量，用以存放小杨的爸爸 10 天来的每日收入。

我们可以看到在 income_list 等号右侧是一对中括号包围的一串用","号分隔的数字，这种类型的数据，我们称之为"列表"。列表在 Python 中非常有用，我们以后也会经常用到它，可以理解为："就像一个队伍一样把数据排成一排"。

total_income = sum(income_list)

"total"是总和的意思，我们定义了"total_income"这个变量，用来存放这 10 天来的水果销售总收入。

sum() 是 Python 的内置函数，它的作用是把括号内的数据直接相加。因此，sum(income_list) 就会把 income_list 这个列表中的 10 个数据加在一起。

执行完这一行代码，Python 会把 income_list 中的 10 个数据加在一起，并把计算的结果赋值给 total_income 这个变量。

在右侧的变量窗口中，我们也可以查看 total_income 计算的结果，如图 4-5 所示。如果你有兴趣，也可以把 10 个数字一个个加起来验算一下。

图 4-5

```
total_cost = total_income * 0.5
```

英文单词"cost"是成本的意思，我们用"total_cost"这个变量代表 10 天来卖出去的水果的总成本。因为题例中提到水果的销售成本是销售额的一半，所以我们用 total_income * 0.5 计算出水果的销售成本，并把计算结果赋值给"total_cost"这个变量。

我们可以在变量窗口查看 total_cost 的值，是不是和你想的一样呢？

```
gross_income = total_income - total_cost
```

这行代码是把总的销售收入减去总的销售成本，并把结果存放到 gross_income 这个变量中。英文单词"gross"的含义是毛收益。

```
net_income = gross_income - 200 * 10
```

别忘了还有水果摊的租金成本，只有扣除了这部分的成本，我们才能知道有没有赚到钱。题例中提到，每天的摊位成本是 200，"200 * 10"就代表了这 10 天总的摊位成本。我们用这行代码从 gross_income 中扣除掉摊位成本后，把计算结果存放在"net_income"这个变量中。net 是"净"的意思，net_income 代表了最终的净收益。

```
print(net_income)
```

这行代码是让 Python 的控制台输出 net_income 这个变量的值。

补充步骤 5：程序代码的排错。

如果程序写错了，Python 在就运行的时候就会报错。这种错误，我们称之为"bug"，排除程序错误的过程，我们称为"debug"。程序是我们人为编写的，出现错误也在所难免，重要的是我们要学会耐心查找出错的原因，不要因为一时找不到原因而着急生气。

一般我们需要根据控制台的错误提示找到问题的根源，实在无法解决的情况下可以求助家长、朋友，或者在网络上查找类似的问题及解决方案。

为了体验一下程序的报错和 debug 的过程，我们把 total_income = sum(income_list) 这行代码改成"total_income = sum(income)"，试着运行一下，看看会发生什么。

如图 4-6 所示，Python 控制台的错误提示还是很清楚的，它提示我们在"第 6 行"的程序代码中"income"这个变量没有定义，所以它不知道该怎么执行这段代码了。

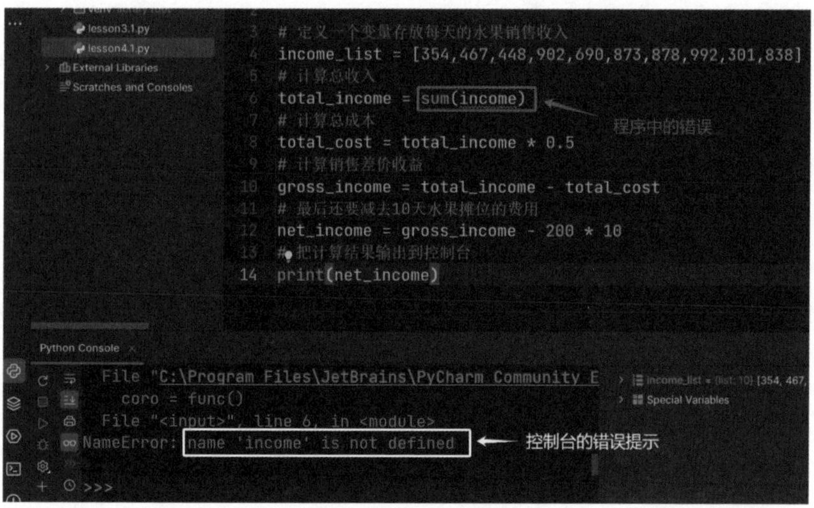

图 4-6

我们把"income"改回正确的"income_list",再重新运行程序,结果是不是就正常了呢?

4.2　知识小结和拓展

✳ 掌握在 Pycharm 中运行程序的 3 种方法。

✳ 学会在"变量窗口"查看变量和变量的值。

✳ 理解"列表"的概念,掌握"列表"的定义。

◆ 使用中括号"[]"和逗号","分隔列表中的值。

◆ 注意:列表中的","必须在英文输入法下输入。

✳ 使用内置函数 sum(),计算列表数值的总和。

✳ 针对"列表"的拓展知识。

◆ 列表除了存放数值以外,还可以存放其他类型的数据,如文字、图片等。

◆ 针对数值型的列表,除了可以使用 sum() 计算汇总值,还有以下内置函数可用。

➤ len():计算列表中的数值个数。

➤ max():计算列表中的最大值。

➤ min():计算列表中的最小值。

✹ 初步掌握代码排错的方法。

4.3 课后练习、探索和创新

1. 小杨在表 4-2 中记录了最近一个星期的天气气温：

表 4-2

第 1 天	第 2 天	第 3 天	第 4 天	第 5 天	第 6 天	第 7 天
18 度	20 度	23 度	21 度	24 度	23 度	25 度

你能用 Python 编程的方式帮助小杨计算这个星期的气温平均值，并在控制台输出吗？

提示：将气温全部加总后除以 7 即可得到这个星期的气温平均值。

2. 小杨爸爸的水果摊运营有一年了，他把每个月的收益都记录在了表 4-3 中：

表 4-3   单位：元

1 月	2 月	3 月	4 月	5 月	6 月	7 月	8 月	9 月	10 月	11 月	12 月
12821	15732	13398	16882	14832	20381	18763	18001	16003	18992	18382	17434

你能用 Python 编写一段程序，帮小杨爸爸算算这一年的总收益吗？平均到每个月的收益又是多少呢？

第 5 课
条件判断

在生活中，你有没有遇到需要做决策的时候？比如你和小伙伴商量明天的活动：如果天气好的话，我们就去公园玩滑梯；如果天气不好的话，就一起到我家里下棋。

在 Python 中，让计算机根据条件的状况决定如何执行程序的语法，被称为"条件判断"。

5.1 实验场：是否可以吃顿大餐庆祝一下

爸爸曾经答应小杨，如果小杨期末考试各科成绩的平均分达到 78 分以上，他们就去餐厅吃烤鱼庆祝，小杨对此期待已久。今天小杨的考试成绩终于出来了，他把成绩记录在了表 5-1 中。你能用 Python 程序计算一下各科的平均分，判断一下小杨能不能吃到这顿美味的烤鱼呢？

表 5-1

语文	数学	英语	生物	历史	物理	化学	政治	美术	音乐	体育
81	76	88	67	66	87	90	84	71	65	90

编写程序前，我们要养成梳理程序思路的好习惯。针对上述问题，我们一起来梳理下程序的思路。

1. 我们需要定义一个"列表"类型的变量，用以存放各科的成绩。

2. 基于列表中的成绩数据计算平均值。

3. 把计算出来的平均值和 78 进行比较，将比对的结果输出到控制台。

思路有了，接下来就是把以上思路转换成代码程序。在 Pycharm 中创建一个新的 Python 文件 "lesson5.1.py"，并在其代码窗口输入以下参考程序代码：

```
# 条件判断：是否可以吃大餐
# 用列表记录成绩
```

```
score_list = [81, 76, 88, 67, 66, 87, 90, 84, 71, 65, 90]
# 计算各科成绩平均值
score_avg = sum(score_list) / len(score_list)
print(" 平均分是： " + str(score_avg))
# 判断平均分是否超过 78 分
if score_avg > 78 :
    print(" 平均分超过 78 分，可以庆祝一下了！ ")
else :
    print(" 平均分未超过 78 分，下次加油！ ")
```

运行程序后，我们在控制台看到如下输出结果。

```
平均分是：78.63636363636364
平均分超过 78 分，可以庆祝一下了！
```

恭喜小杨！平均分超过了 78 分，他可以和爸爸去吃烤鱼庆祝了。

接下来，我们对程序代码做进一步理解。

```
score_list = [81, 76, 88, 67, 66, 87, 90, 84, 71, 65, 90]
```

用 score_list 这个列表记录各科成绩。

```
score_avg = sum(score_list) / len(score_list)
```

我们之前用过 sum() 函数，用来计算列表的汇总值；len() 也是一个内置函数，用来计算列表中数值的个数。len 是英文单词 length 的缩写，是 "长度" 的意思。

sum(score_list) / len(score_list)：各科成绩的汇总值除以科目的个数就能算出各科成绩的平均值了，我们把计算结果存在 score_avg 这个变量中。

```
print(" 平均分是： " + str(score_avg))
```

这行代码在控制台输出平均分的结果。其中，"+" 把左右两侧的两段话拼接起来。

在 Python 中，用双引号框起来的一段文本，我们称之为 "字符串"。

str() 也是一个内置函数，它的作用是把括号内的数值转换为字符串。因为 score_avg 是一个 "数值"，而不是 "字符串"，所以我们 str() 这个函数把它转换为字符串。

```
if score_avg > 78 :
    print(" 平均分超过 78 分，可以庆祝一下了！ ")
else:
    print(" 平均分未超过 78 分，下次加油！ ")
```

这段代码是本次代码实验的重点。英文单词 "if" 是 "如果" 的意思，"else" 是 "否则" 的意思。如图 5-1 所示，if 后面跟着一个 "判断条件"，如果判断条

件的结果成立，则执行"："后面的程序代码；如果 if 后面的判断条件不成立，则
执行"else:"后面的程序代码。

图 5-1

我们观察到 score_avg 的值是大于 78 的，所以在本例中"score_avg > 78"
的判断结果成立。程序将执行

print(" 平均分超过 78 分，可以庆祝一下了！ ")

这行代码，而不再执行

print(" 平均分未超过 78 分，下次加油！ ")

这行代码了。从控制台输出的结果也能验证这一点。

5.2　知识小结和拓展

✹ 学会使用内置函数 len() 计算列表中元素的个数。

✹ 数据类型。

◆ 字符类型：Python 中，字符串一般用一对单引号 "'" 或一对双引号 """
括起来，如 ' 我今年 25 岁！ '、" 我来自中国！ " 等，无论引号内是什
么类型的内容，只要加上引号，Python 都将视之为字符串，就算是只
有一对引号，其中没有任何内容，也表示是空字符串。

注意：用以包围字符的引号必须是英文输入法状态下的引号，否则程序将会
报错。

◆ 整数类型：可以简单理解为不带小数点的数值，如 1、5、8 等。

◆ 浮点数类型：可以简单理解为带有小数点的数值，如 1.3、99.88 等。

✹ 数据类型转换。

◆ str()：将括号内的数值转换为文本类型。

◆ int()：将括号内的文本类型转换为整数类型。

◆ float()：将括号内的文本转换为浮点数类型。

✷ 掌握条件判断语句的使用，基本语法如下。

```
if 判断条件：
    执行一段程序
else：
    执行另外一段程序
```

知识加油站

看动画 学编程

在微信公众号"黄爸爸教编程"中输入"条件判断"，或者使用手机扫码观看视频，进一步理解什么是条件判断。

微信

B 站

5.3　课后练习、探索和创新

1. 数据类型的练习，在控制台练习以下代码：

代码	运行结果	说明
print(5)	5	控制台输出的是数值类型的 5
print('5')	5	控制台输出的是文本类型的 5
print(' 我是中国人 ')	我是中国人	单引号的字符串
print(" 我今年 5 岁 ")	我今年 5 岁	双引号的字符串

续表

代码	运行结果	说明
print(' 我今年 ' + '5' + ' 岁 ')	我今年 5 岁	+ 号可以用以连接字符串
print(' 我今年 ' + 5 +' 岁 ')	程序错误	因为 5 不是一个字符串，不可以使用 + 号连接
Print(' 我今年 ' +str(5) + ' 岁 ')	我今年 5 岁	str(5) 的作用是将数值的 5 转换为文本类型的 5

2. 条件判断语句练习，在控制台输入以下代码：

代码	结果	说明
20>10	True	"True" 是 "真" 的意思，表示条件判断的结果成立
10>20	False	"False" 是 "假" 的意思，表示条件判断结果不成立
length = 100 length == 100	True	length = 100 是定义 length 这个变量并给其赋值 100 length == 100 的含义是判断 length 这个变量和 100 是否相等

3. 基于本课中小杨各科学习成绩的数据，用 Python 程序判断一下其各科成绩的总分是否超过 860 分。如果超过则在控制台输出"恭喜你，你的各科成绩总分超出 860 分！"如果没有超过 860 分，则在控制台输出"你的各科成绩总分没有超过 860 分，继续加油！"

第6课 计数循环

什么叫循环呢？重复做一组相同的动作就叫循环。见过爸爸妈妈包饺子吗？每次包饺子都要做以下相同的动作。

1．拿起饺子皮；

2．把饺子馅放到饺子皮中间；

3．包好饺子；

4．把包好的饺子放到托盘上。

Python 中有一种循环叫作"计数循环"，它是对"固定数量"的对象重复做同样的一组动作（重复执行一次相同的程序代码）。

6.1　实验场：这次考试成绩还行吧

针对第 5 课中小杨的考试成绩，按照表 6-1 中考试分数和等级的对照规则，是否可以编写 Python 程序统计出小杨这次考试结果中各个等级的数量？

表 6-1

分数	90 ～ 100	80 ～ 89	70 ～ 79	60 ～ 69	0 ～ 59
等级	A	B	C	D	E

程序编写思路如下。

1．定义一个列表变量用以存储各科的考试分数。

2．定义 5 个表示等级数量的变量，初始为 0。

3．把列表的每一项考试分数和等级对照，评判该分数的等级，并让对应的等级变量 +1。

4．在控制台输出各个等级变量。

现在我们在 Pycharm 中用 Python 代码实现以上程序逻辑。

```
# 用列表记录成绩
score_list = [81, 76, 88, 67, 66, 87, 90, 84, 71, 65, 90]
```

```
# 定义代表各个等级的变量
rank_a, rank_b, rank_c, rank_d, rank_e = 0, 0, 0, 0, 0
# 对各科成绩对照等级表进行评判
for score in score_list:
    if score >= 90:
        rank_a += 1
    elif score >= 80:
        rank_b += 1
    elif score >= 70:
        rank_c += 1
    elif score >= 60:
        rank_d += 1
    else:
        rank_e += 1
# 在控制台输出各个等级的数量
print(f"A 级：{rank_a}")
print(f"B 级：{rank_b}")
print(f"C 级：{rank_c}")
print(f"D 级：{rank_d}")
print(f"E 级：{rank_e}")
```

在控制台窗口我们可以看到以下输出结果。

```
A 级：2
B 级：4
C 级：2
D 级：3
E 级：0
```

程序运行成功，这个结果和我们目测的一样，没有问题。

接下来我们对这段程序代码进行分析。

```
rank_a, rank_b, rank_c, rank_d, rank_e = 0, 0, 0, 0, 0
```

这行代码定义了 5 个数值型变量，分别代表 5 个等级的数量，初始化为 0。

Python 允许用逗号分隔各个变量，在一行代码内完成多个变量的定义和赋值。

```
for score in score_list:
    if score >= 90:
        rank_a += 1
    elif score >= 80:
        rank_b += 1
    elif score >= 70:
        rank_c += 1
    elif score >= 60:
        rank_d += 1
```

```
else:
    rank_e += 1
```

这部分代码是本课的重点，它实现的功能是针对 score_list 中的每个值都执行一次"："后面的程序代码，这种语法我们称之为计数循环。关键字"for"后面的 score 是一个"临时"变量，在循环中它会依次获取 score_list 中的具体值。

计数循环的运行和 score 赋值的示意如图 6-1 所示。

图 6-1

```
if… elif… else:
```

这是我们之前学过的内容。elif 是"否则 + 如果"的意思，在上一个条件不成立的前提下判断当前的条件是否成立。

```
rank_a +=1
```

等同于

```
rank_a = rank_a + 1
```

意思是给 rank_a 加上 1。"+="是 Python 中的一种简便语法，两种写法作用相同。

```
print(f"A 级：{rank_a}")
```

这行代码我们知道它的意思是输出 A 级的科目数量。在双引号之前的字母"f"能够帮我们将双引号内的变量转换为具体的数值。因为 rank_a 的实际数值是 2，所以本行代码的输出是字符串："A 级：2"。其他几行代码都是类似的，不再赘述。

6.2　知识小结和拓展

✳ 理解计数循环及其程序运行的逻辑。

✳ 掌握计数循环的语法，并能熟练运用。

✳ 理解条件判断 if…else… 和 if…elif…else 的区别。

✳ 掌握 "+=" 的简便用法。

✳ 掌握在字符串中嵌入变量的方法。使用的格式为：f" 任意字符 +{ 变量名 }+ 任意字符 "。

知识加油站

看动画 学编程

在微信公众号"黄爸爸教编程"中输入"计数循环",或者使用手机扫码观看视频,进一步理解什么是计数循环。

微信

B 站

6.3 课后练习、探索和创新

小杨爸爸新进了一批苹果,为了检查这批苹果的质量,他从里面随机挑了一箱测量里面苹果的尺寸(果径),测量结果如表 6-2 所示。

表 6-2   单位:毫米

序号	1	2	3	4	5	6	7	8	9	10
尺寸	73	81	78	78	75	92	84	79	86	82

(1)如果平均果径大于 80 毫米,而且没有任何一个苹果的果径低于 72 毫米,则可以判定这箱苹果是"合格"的。你能用 Python 程序判断一下这箱苹果是否合格吗?

(2)在合格的基础上,如果有 3 个以上的苹果果径超过 85 毫米,则可以判定这项苹果的品质为"优良",你能用 Python 程序判断一下这箱苹果的品质是否优良吗?

(3)在控制台按照顺序逐个输出果径大于 80 毫米的苹果果径数值。

第7课 条件循环

我们在前面的课程中学习过条件判断，条件循环则是"条件判断"和"循环"的结合。在每次循环执行前，都会做一次条件判断，如果条件判断的结果为"True"，则执行循环中的这段代码，并继续下一次循环。

生活中也会有类似的条件循环。比如在你吃冰激凌的时候，只要冰激凌杯子里面还有冰激凌（条件），你就吃一勺冰激凌（循环）。冰激凌吃完的时候，这个条件判断不再成立，循环也就结束了。

7.1 实验场：智力大闯关

小杨今天准备挑战智力大闯关游戏，每道智力题的难度逐渐加大，答对一题即可获得对应的积分，每道题的积分和该题的题目序号相等。如第一题的积分为1，第二题的积分为2，第三题的积分为3，依次递增。小杨想知道他回答到哪道题总积分便可以达到100分，你能用 Python 程序帮他算一算吗？

编程思路如下。

1. 定义一个变量代表解题获得的总积分，初始赋值为0。

2. 定义一个变量代表当前题目的序号（等同于该题的积分），初始为1。

3. 循环计算：把当前题目的积分累加到总积分变量中，如果总积分未超过100分，则题目序号加1后，继续计算总积分，直至总积分超过100分。

代码实现如下。

```
# score 代表答题积分，seq 代表当前的题目序号
score = 0
seq = 1
# 按当前题目序号加总积分，如果积分小于 100，则序号 +1 后继续
while score < 100:
    score += seq
    print(f" 关卡：{seq}，积分：{score}")
```

```
    seq += 1
```

我们在 Pycharm 中运行程序，在控制台我们应该可以看到运行结果如下。

```
关卡：1，积分：1
关卡：2，积分：3
关卡：3，积分：6
关卡：4，积分：10
关卡：5，积分：15
关卡：6，积分：21
关卡：7，积分：28
关卡：8，积分：36
关卡：9，积分：45
关卡：10，积分：55
关卡：11，积分：66
关卡：12，积分：78
关卡：13，积分：91
关卡：14，积分：105
```

从程序的运行结果可以清楚看出，小杨需要闯过 14 关，积分才能超过 100 分。

接下来我们一起解析一下程序代码。

```
score = 0
```

定义 score 这个变量用以记录闯关的积分总和，在闯关开始之前赋值初始值为 0。

```
seq = 1
```

定义 seq 这个变量代表关卡的编号，从第一关开始，所以赋值初始值为 1。

```
while score < 100:
score += seq
print(f" 关卡：{seq}，积分：{score}")
seq += 1
```

这段代码是本课的重点，也就是"条件循环"。它的逻辑是：只要 while 后面的判断条件成立，就执行 ":" 号后面的程序块，不断重复，直至 while 后面的判断条件不成立。

```
score += seq
```

在 score 中加上本次关卡获得的积分 seq。

```
print(f" 关卡：{seq}，积分：{score}")
```

在控制台输出本次循环的关卡编号和获得的积分。

```
seq += 1
```

使 seq 加 1，为下一关卡的积分计算做准备。

从控制台的输出可以看到一共有 14 行输出结果，因此 ":" 号后面的程序被执行了 14 次，直到 score 达到 105 的时候，score < 100 的条件不再成立，程序才被终止。

7.2   知识小结和拓展

✳ 理解条件循环的含义，掌握条件循环的 Python 语法，如图 7-1 所示。

图 7-1

7.3   课后练习、探索和创新

1. 在 Python 控制台输入以下语句,测试运行结果,并理解运行结果的合理性。

```
while 100 > 50:
    print(' 程序被执行了一次 ')
```

2. 在 Python 控制台输入以下语句,测试运行结果,并理解运行结果的合理性。

```
while 100 < 50:
    print(' 程序被执行了一次 ')
```

3. 在 Python 控制台输入以下语句,测试运行结果,并理解运行结果的合理性。

```
while True:
    print(' 程序被执行了一次 ')
```

4. 在 Python 控制台输入以下语句,测试运行结果,并理解运行结果的合理性。

```
times = 0
while times < 10 :
    print(times)
    times += 1
```

第 8 课
函数

函数是实现某个特定功能的一段代码。我们会给这段代码起个名字，这个名字就代表了这一整段代码。函数可以被反复使用（调用）。

8.1 实验场：从水果到果汁

小杨家里买了一台水果榨汁机。通过日常实验，他知道一个苹果可以榨出 95ml 的果汁，一个橘子可以榨出 45ml 的果汁，一个猕猴桃可以榨出 18ml 的果汁。你能编写一个程序，让小杨随意输入要榨汁的苹果、橘子和猕猴桃的个数，自动计算出混合果汁的毫升数量吗？

编程思路如下。

通过水果的数量计算出果汁的量本身不复杂，只要用到简单的加法和乘法即可。假设小杨现在要用 2 个苹果、1 个橘子和 3 个猕猴桃榨汁，果汁量的计算可以用以下公式计算：

果汁量 = 2 * 95 + 1 * 45 + 3 * 18。

现在我们在 Pycharm 的控制台输入以上公式，看看运行的结果，如图 8-1 所示。

```
Python Console>>> 2 * 95 + 1 * 45 + 3 * 18
289
```

图 8-1

但因为小杨经常榨汁，他可不想每次都用公式计算一遍，这样太麻烦了。他想要的是只要输入要榨汁的各种水果的数量，程序就计算出果汁量。针对这样的情况，我们可以使用函数来解决。

我们先创建一个新的 Python 文件，命名为 lesson8.py。在代码文件中输入以下代码：

```
def juice(apple, orange, kiwi):
```

```
juice_volume = 95 * apple + 45 * orange + 18 * kiwi
print(juice_volume)
```

这段代码定义了一个名为 juice 的函数。函数内有 3 个参数，分别是 apple、orange 和 kiwi，这三个参数分别代表了要榨汁的苹果、橘子和猕猴桃的数量。

这段代码单独运行后在控制台没有输出结果。这是正常的，函数在被使用（调用）的时候才会真正执行里面的代码。

接着我们可以在控制台单独输入一行代码来使用这个函数，如图 8-2 所示。

```
>>> juice(2,1,3)
289
```

图 8-2

可以看到 juice 函数正确地计算并输出了果汁量。

我们再试试 3 个苹果、5 个橘子和 4 个猕猴桃，如图 8-3 所示。

```
>>> juice(3, 5, 4)
582
```

图 8-3

你可以自己验算一下函数的返回结果正确吗？

juice 函数可以被反复调用，你可以多次随意地输入各种水果的数量，尝试调用这个函数。

代码解析如下。

第一行中的 "def" 是 Python 的关键字，是英文单词 "define" 的缩写，意思是 "定义"。一个函数的定义就是以关键字 "def" 开始，后面跟着你要定义的函数名称，你可以自己给函数起名字。

函数的定义格式如下。

```
def 函数名 ( 参数 1, 参数 2, …):
    函数内的程序代码段
```

在这个函数中我们定义了 3 个参数，分别是 apple、orange 和 kiwi。参数可以理解为这个函数的输入数据。

在函数的定义这一行，代码需要以 ":" 结尾。

注意：冒号必须在英文输入法下输入。

第二行和第三行是函数内的程序代码，它们隶属于 juice 函数，因此在程序编排上需要缩进。使用键盘上的"制表符"键（Tab）可以实现代码的缩进。

第二行中的 apple、orange 和 kiwi 都是来自参数的临时变量。我们在函数内的程序代码中可以使用这些参数。

当函数运行时，实际的参数值就会传递到函数内部参与计算。例如，当你在控制台输入 juice(3,5,4) 的时候，apple、orange 和 kiwi 这 3 个临时变量就会通过参数的传递被分别赋值为 3、5 和 4。

8.2 知识小结和拓展

❉ 理解函数：函数是可以实现特定功能、反复被调用的、起了名字的一段代码。

❉ 掌握函数的定义方法：

```
def 函数名 ( 参数 1, 参数 2, …):
    函数内的程序代码段
```

❉ 函数定义的要点：

◆ 以关键字 def 开始，后面是函数名和参数，行的最后以 ":" 结尾。

◆ 函数可以有参数，可以有很多参数，也可以没有参数。

❉ 函数的返回值。可以在程序的代码块中使用关键字 return 将代码块中的结果传递给调用的函数。

```
def juice(apple, orange, kiwi):
    juice_volume = 95 * apple + 45 * orange + 18 * kiwi
    return juice_volume
```

这样就可以将函数的运行结果赋值给一个变量了。如下：

```
juice_today = juice(3, 2, 1)
```

知识加油站

看动画　学编程

在微信公众号"黄爸爸教编程"中输入"函数"，或者使用手机扫码观看视频，进一步理解什么是函数。

微信

B 站

8.3　课后练习、探索和创新

1. 小杨要和家人驾车出去旅行，他知道城市道路的平均车速为 50 千米每小时，高速的平均车速为 90 千米每小时。你能设计一个函数，让他输入城市道路和高速道路路程就能随时算出需要驾车的时间吗？

2. 小杨爸爸买了 10000 元的理财基金，该基金每年可以获得 5% 的收益。你能设计一个函数，让他输入持有基金的年数，就能计算出可以获得的基金总收益吗？

3. 小偷驾驶一辆汽车已经开出 5 千米，你能设计一个函数输入小偷和警察的车速，计算出多久后小偷将被抓获吗？

第⑨课
模块

很多小朋友爱吃酸菜鱼，但酸菜鱼不容易制作，想要做得美味更不容易。而超市里的酸菜鱼料包则配好了制作酸菜鱼所需的酸菜和调味料，就能轻松做出一道美味的大餐来。

酸菜鱼料包可以被理解为一个用来制作酸菜鱼的模块，而模块可以理解为预先开发好的、可重复使用的某一类功能的集合。

就像使用调料包制作酸菜鱼一样，使用模块大大简化了编程的复杂度。

Python 中就有大量的模块能够帮助我们轻松实现各个领域的复杂功能，如游戏编程领域的 Pygame、数据科学的 NumPy 和 Pandas、网络爬虫的 Scrapy 等。

9.1　实验场：快来买，水果大促销啦

小杨爸爸最近想要每天在苹果、梨、葡萄、橘子和火龙果 5 种水果中"随机"挑选其中的一种水果做促销，促销的力度"随机"在 5 折和 9 折之间。你能用 Python 程序帮小杨爸爸决定每天促销的水果品种和促销的力度吗？

程序编写思路如下。

1. 定义一个变量，用于存放该日决定促销的水果。

2. 定义一个变量，用于存放促销的折扣数值。

3. 使用一个"随机函数"决定促销的水果。

4. 使用一个"随机函数"决定促销的力度。

5. 在控制台输出促销的具体方案。

用我们之前学到的知识，我们是无法完成程序编写的，因为我们还不知道如何使用"随机函数"。Python 中有一个名为 random 的模块，可以实现各种复杂的随机数功能。使用这个模块前，需先将这个模块加载到当前程序里。下面我们先在 Pycharm 的代码窗口书写以下代码：

```
# 加载 random 这个模块，用以生成随机数
import random

# 随机生成促销的水果品种和折扣的力度
fruit = random.choice([" 苹果 ", " 梨 ", " 葡萄 ", " 橘子 ", " 火龙果 "])
discount = random.randint(5, 9)
# 在控制台输出促销的方案
print(f" 今天 {fruit}{discount} 折促销 ")
```

在控制台我们可以看到输出的结果类似"今天苹果 9 折促销"，其中的水果名称和促销的数值是随机生成的，每次运行的结果都会不同，如下所示。

```
今天梨 7 折促销
今天橘子 8 折促销
```

接下来我们一起解析一下程序代码。

```
import random
```

"random"这个英文单词是"随机"的意思，这行代码是在当前的程序中加载 random 模块。这里可以把 random 模块理解成一个能够生成随机数的"装备"。只有加载这个装备，后面的程序才能使用该"装备"。

```
fruit = random.choice([" 苹果 ", " 梨 ", " 葡萄 ", " 橘子 ", " 火龙果 "])
```

"fruit"这个英文单词是"水果"的意思，在这里是一个变量。英文单词"choice"是"选择"的意思，random.choice() 是使用 random 这个模块中的 choice 方法（函数），在括号的列表中随机选择一个值。列表中一共有 5 种水果，程序会随机选择其中一种水果，然后赋值给 fruit 这个变量。

```
discount = random.randint(5, 9)
```

"discount"这个英文单词是"折扣"的意思，在这里它是代表折扣的变量。randint 是 random 模块中的另一个方法，用来在给定的参数范围内生成一个整数。在本行代码中，randint 的两个参数是 5 和 9，因此这个方法会生成 5 和 9 之间（不包含 9）的任意整数。

```
print(f" 今天 {fruit}{discount} 折促销 ")
```

这行代码之前解释过，它会在控制台输出促销的水果以及折扣的数值。

9.2 知识小结和拓展

✦ Python 有很多内置的模块，就像是一件件"装备"，可以被加载到程序中。

✴ Python 常用的内置模块有 random、math、sys、time 等。

◆ random：包含大量随机函数，用以生成各种随机数值。

◆ math：实现各种相对复杂的数学运算，如乘积、开方和各种三角函数等。

◆ sys：和系统相关的操作。

◆ time：和时间相关的操作。

✴ 掌握 random 模块的两种方法。

◆ random.choice()：从参数的列表中随机选择一个值。

◆ random.randint()：在两个参数之间随机生成一个整数。

✴ 除了 Python 内置的模块，我们也可以用 Python 开发出自定义的模块，这些自定义的模块可以公开分享给其他程序员使用。

9.3 课后练习、探索和创新

1. 练习 random 模块，在控制台输入以下代码，并查看结果是否符合预期。注意，import random 只需运行一次即可。

```
import random
random.randint(1, 100)
random.randint(-10, 10)
random.choice([1, 2, 5, 10, 8])
random.choice((" 米饭 "," 面条 "," 饺子 "," 包子 ")) 或 random.choice([" 米饭 "," 面条 ",
          " 饺子 "," 包子 "])
```

另外，参数内使用 () 和 [] 效果是一样的。它们是不同的数据类型，[] 被称为列表（list）；() 被称为元组。列表是动态数组，它们可变，且可以重设长度（改变其内部元素的个数）；元组是静态数组，它们不可变，且其内部数据一旦创建便无法改变。

2. 尝试使用 time 模块。time.sleep() 是让程序暂停，暂停时间是括号内的参数，单位为秒，如 time.sleep(2) 表示程序暂停 2 秒。在控制台输入以下代码，并尽量理解。

```
while True :
print(" 你好 ")
```

程序会在控制台快速不断地输出"你好"。接下来，我们再试试这段代码：

```
while True :
```

```
print(" 你好 ")
time.sleep(2)
```

程序会每隔 2 秒钟再在控制台输出"你好"。说明 time.sleep() 起到了暂停程序的作用。

3. 尝试在一段代码中同时使用 random 和 time 模块，在控制台输入以下代码，并尽量理解。

```
import time, random
while True:
    print(random.choice([" 苹果 "," 梨 "," 葡萄 "," 橘子 "," 火龙果 "]))
time.sleep(2)
```

程序的运行效果是在控制台每隔 2 秒钟随机输出一种水果的名字。哈哈，是不是很好玩。

Python

修炼第②级:

小试牛刀

级别目标: 构建游戏主框架,能实现简单的游戏功能

经过前面的修炼,我们已经掌握简单的 Python
编程技巧了。从这个级别开始我们要运用这些技能
并结合 Pygame 模块开发出简单好玩的小游戏。
在这个过程中不仅能学到更多的 Python 编程知
识,还会从中体会到很多乐趣和成就感。

完成本级修炼，你将掌握以下技能：

🔍 熟悉并使用 Pygame 模块的基本功能

🔍 掌握图片的加载和使用

🔍 实现动画效果

🔍 键盘事件的响应和处理

🔍 理解类和对象的概念及应用

🔍 熟练使用随机函数

🔍 理解自定义事件的概念及应用

🔍 实现多个对象间的碰撞检测

🔍 理解程序测试的概念

🔍 完整实现一个小游戏的设计和开发

第⑩课
接触 Pygame 模块：从游戏界面开始

Pygame 是基于 Python 的游戏开发库，它提供了一系列的接口和工具，帮助开发人员轻松创建各种类型的游戏。

10.1 实验场：安装 Pygame 模块

因为 Pygame 不是 Python 的内置模块，我们在程序中引用 Pygame 之前需要在当前环境中安装 Pygame，如图 10-1 所示。

图 10-1

1．在 Pycharm 窗口点击"终端"按钮。

2．在打开的终端窗口的命令行中输入命令：pip install pygame。

注意：

1．如果安装速度太慢，可以使用清华镜像加速，将命令改为 pip install pygame-i https://pypi.tuna.tsinghua.edu.cn/simple/ 即可。

2．如果安装报错，可能是 pip 工具并非最新版本，在运行安装命令前可以先运行以下命令：python -m pip install -U --force-reinstall pip。如果在安装过程中还有其他错误，请自行上网查询排错。

3．安装完成后，点击控制台按钮，在控制台输入 import pygame 并运行，查看是否报错。如果报错，则说明 Pygame 没有安装成功，需要重新安装直至没有问题。

10.2 实验场：游戏的素材文件

在我们后续的游戏开发中会用到很多图片和声音文件，这些图片和声音已经放在我们课程配套材料中了。我们可以将配套材料中的"imgaes"（课程的配套图片文件）和"sounds"（课程的配套声音文件）这两个文件夹复制到 planegame 项目的本地文件夹下，如图 10-2 所示。

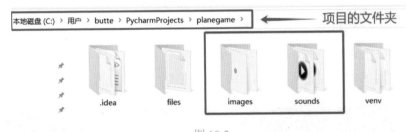

图 10-2

10.3 实验场：创建一个游戏界面

现在我们终于可以在 Python 的程序代码中加载 Pygame 模块并使用它了。从简单的事情开始，我们今天先创建一个游戏的初始界面，并让它呈现在电脑屏幕上。

我们在 Pycharm 中 planegame 项目下面创建一个新的 python 文件，命名为 lesson10.3.py（后续统一以实验编号命名代码文件），并在代码窗口输入以下代码：

```python
# 加载 pygame 模块
import pygame

# 初始化 pygame 模块
pygame.init()
# 定义游戏窗口大小
screen = pygame.display.set_mode((800, 600))
# 设置游戏窗口标题
pygame.display.set_caption(" 外星怪兽的入侵 ")
# 设置游戏窗口小图标
```

```
icon = pygame.image.load('images/plane_icon.png')
pygame.display.set_icon(icon)
```

我们先运行一下这段代码，看看会出来什么结果。不出意外，电脑上会展现一个新的黑色背景窗口，如图 10-3 所示。

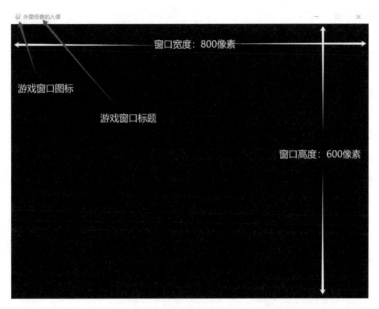

图 10-3

这个游戏窗口并不完善，点击游戏窗口的退出按钮并不能关闭该窗口。不过影响不大，后面我们就会优化修复这个问题。现在如果要关闭这个窗口，可以直接关闭对应的控制台。

代码解读如下。

```
import pygame
```

毫无疑问，这行代码是把 Pygame 模块加载到我们的程序中，不可或缺。

```
pygame.init()
```

英文单词"init"是"初始化"的意思，这行代码是调用 Pygame 的 init() 方法对 Pygame 的模块进行初始化，可以理解为 Pygame 在运行游戏前需要做的热身动作，这行代码在 Pygame 的游戏程序中也是不可或缺的。

```
screen = pygame.display.set_mode((800, 600))
```

英文单词"display"是"显示"的意思，"set"是"设置"的意思，"mode"

是"模式"的意思。这行代码是调用 Pygame 模块下属的 display 子模块中的 set_mode() 方法，用以设置游戏窗口的大小。括号内的参数 (800, 600) 表示游戏窗口的大小是横向 800 像素，纵向 600 像素。

我们平时生活中用到的手机或者电脑屏幕都是由一颗颗很小的发光二极管构成的，这些发光的小颗粒我们称之为"像素"，是屏幕中最小且最基本的可控单元。屏幕中的图像都是由一个个像素构成的。在上述例子中，我们创建了一个横向 800 像素、纵向 600 像素的游戏屏幕窗口。

"="左边的 screen 是我们定义的变量，它代表我们生成的屏幕窗口，后面的程序还会用到它。

```
pygame.display.set_caption(" 外星怪兽的入侵 ")
```

set_caption() 同样是 display 这个子模块下的方法，它的作用是定义窗口的名称，从运行的结果上我们可以找到这个标题。

```
icon = pygame.image.load('images/plane_icon.png')
```

"image"是"图像"的意思，"load"是"加载"的意思。image 是 Pygame 下面的子模块，负责图像相关的处理。pygame.image.load() 方法的作用是从电脑本地目录下加载一张图片到游戏程序中。因为游戏中的战机和怪兽都是一张张图片，所以这个方法我们会在后续编程中经常用到。

() 中的参数是图片文件在电脑中的存放位置。"images/plan_icon.png"是指在当前项目文件夹下面的"images"子文件夹中的 plane_icon.png 图片文件。我们也可以直接在 Pycharm 的文件夹窗口找到该图片，如图 10-4 所示。

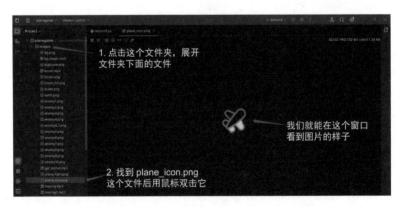

图 10-4

"icon"是"图标"的意思。在这行代码中，我们定义了一个叫 icon 的变量，把通过 pygame.image.load() 方法导入的图片存放在 icon 这个变量中。

```
pygame.display.set_icon(icon)
```

顾名思义，"set_icon"是"设置图标"的意思。这行代码是把刚刚加载到游戏程序中的 icon 这张图片设置为屏幕的小图标。

10.4　知识小结和拓展

❋ 在程序中导入 Pygame 模块。

❋ 使用 pygame.init() 方法初始化 Pygame 模块。

❋ 使用 pygame.display.set_mode() 方法设置游戏窗口的大小。

❋ 使用 pygame.display.set_caption() 方法设置游戏窗口的标题。

❋ 使用 pygame.image.load() 方法从电脑本地文件夹加载一张图片到游戏程序中。

❋ 使用 pygame.display.set_icon() 方法设置游戏窗口的小图标。

10.5　课后练习、探索和创新

1. 在 Pycharm 中创建一个新的文件，命名为 practice10.py，把本课的代码完整地重写一遍。

2. 在 practice10.py 代码中做如下调整，看看程序运行的结果。

（1）调整游戏窗口大小，试试（200，100）、（300，500）、（1000，800）。

（2）修改游戏的标题，可以试试"狙击外星怪兽""保卫地球"等。

（3）修改游戏的小图标，可以试试使用本地目录 images 下的其他图片。

第11课
加载和使用图片：游戏角色登场

上一课我们学习了游戏窗口的设计，定义了游戏窗口大小、标题和图标。但是看起来，和一个游戏还相差甚远。这节课，我们来学习在游戏窗口中添加游戏的图像元素，如游戏的背景、邪恶的怪兽和正义的战机。

11.1 实验场：游戏界面的背景

先创建一个新的代码文件 lesson11.1.py，把上一课的程序代码完整复制到 lesson11.1.py，复制代码的方法如下。

1．用鼠标选中要复制的代码，按下键盘"Ctrl"键的同时按下"C"键，代码就复制好了。

2．在 lesson11.1.py 中使用"Ctrl"+"V"组合按键。

然后在复制过来的代码后面添加以下 3 行代码：

```
# 添加游戏的背景图片
back_ground = pygame.image.load('images/bg.png')
screen.blit(back_ground, (0, 0))
# 在游戏屏幕中把变化的图像展示出来
pygame.display.update()
```

代码解析如下。

```
background = pygame.image.load('images/bg.png')
```

英文单词"background"是"背景"的意思，在这里它作为一个变量代表背景图片。pygame.image.load() 的作用是从本地电脑中加载一张图片到 Pygame 的游戏程序中，上一课我们刚学习过。

这条 Python 语句的作用是把 images 目录下的"bg.png"这张图片加载到程序中。

我们可以在 Pycharm 的窗口中打开这张图片，查看一下它的样子，如图 11-1 所示。

图 11-1

screen.blit(background, (0, 0))

英文单词"blit"是"传送"的意思，在 Pygame 里面 blit() 这个方法的作用是把图片传送到界面上的指定位置。

screen 是我们之前定义的游戏窗口，实际上它在 Pygame 里面是一个"surface"对象。我们现在可以把 surface 对象简单理解为 Pygame 中的图像对象。

bilit() 方法中有以下两个重要参数。

1. 图片对象（surface 对象），也就是你要放到游戏界面上的图片。

2. 位置，就是指定在哪个位置摆放这张图片。

这行代码的意思就是把 background 这张图片摆放在 screen 界面的 (0,0) 位置。

那么 (0,0) 是在哪里呢？ (0,0) 就在整个屏幕的左上角。我们之前说过，整个屏幕是由很多个"像素"构成的，如我们定义的 screen 这个屏幕 (800,600) 就代表横向有 800 个像素，纵向有 600 个像素。我们给每个像素按照其横向和纵向所在的像素位置，给它们定义了坐标。以左上角为初始点 (0,0)，横向向右、纵向向下递增。图 11-2 展示了左上角、左下角、右上角、右下角和中心点的各点位置坐标，请大家好好理解。

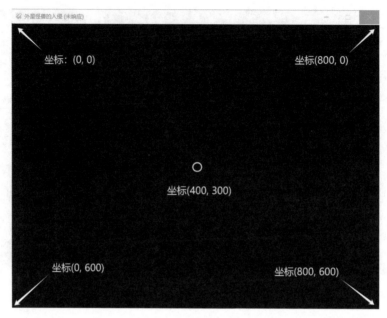

图 11-2

```
pygame.display.update()
```

"update" 这个单词是"更新"的意思，display.update() 这个方法的作用是把图片最新的位置在游戏界面更新展示。

注意：每次调整了游戏界面的图像，如新增、删除、移动图片等任何操作后均需执行该语句，游戏界面才会刷新到最新状态。

添加了本课新的 3 行代码后，完整的代码程序如下：

```
# 加载 pygame 模块
import pygame

# 初始化 pygame 模块
pygame.init()
# 定义游戏窗口大小
screen = pygame.display.set_mode((800, 600))
# 设置游戏窗口标题
pygame.display.set_caption(" 外星怪兽的入侵 ")
# 设置游戏窗口小图标
icon = pygame.image.load('images/plane_icon.png')
pygame.display.set_icon(icon)
# 添加游戏的背景图片
```

```
background = pygame.image.load('images/bg.png')
screen.blit(background, (0, 0))
# 在游戏屏幕中把变化的图像展示出来
pygame.display.update()
```

现在开始运行程序，看看游戏的屏幕上是否出现一张如图 11-3 所示的背景图片。

图 11-3

注：为了让背景图片看起来更简洁一些，我们把背景图片向上移动 200 像素，把这行代码 screen.blit(background, (0, 0)) 修改为 screen.blit(background, (0, -200))。

注意：点击右上角的关闭按钮是无法关闭程序的，我们会在后面的内容中优化这个问题。游戏的标题中可能会出现"未响应"的提示，这也是正常的。如需关闭程序，可以直接关闭对应的控制台。

11.2 实验场：外星怪兽来了

上面的实验已经把游戏的背景图片展示出来了，现在看起来是不是比最开始一片漆黑的游戏界面好多啦？那接下来我们的反派主角——一只外星怪兽要在游戏中出场了。

很简单，只要在上一个实验的最后一行代码 pygame.display.update() 前面加上以下两行代码即可实现：

```
enemy1 = pygame.image.load('images/enemy1.png')
screen.blit(enemy1, (300, 200))
```

这两行代码我们之前都学过了，它们的作用是从本地电脑中加载一个外星怪兽的图片，并用 blit() 方法在 (300,200) 位置进行展现。

运行程序，看看你的运行结果是否跟图 11-4 所示的一样。

图 11-4

11.3 实验场：战斗机来了

现在游戏界面上出现了怪兽，是时候让我们的正方主角——战机"坦迪"登场了。与此同时，我们需要在游戏的最下方把"地球"展示出来，毕竟我们的游戏主题是"保卫地球"。

与上一个实验一样，我们使用 image.load() 方法和 blit() 方法即可实现。现在让我们在 pygame.display.update() 前面加上以下代码：

```
# 添加地球和战斗机的图片
earth = pygame.image.load('images/earth.png')
screen.blit(earth, (0, 500))
player = pygame.image.load('images/plane_fight.png')
screen.blit(player, (370, 480))
```

代码解析如下。

英文单词"earth"是"地球"的意思，这里代表地球的图片；英文单词"player"是"玩家"的意思，这里代表战斗机的图片。

前面两行代码用于在 (0,500) 这个位置展示地球，后面两行代码用于在 (370,480) 这个位置展示战斗机。

程序运行后展示的游戏最新界面如图 11-5 所示。

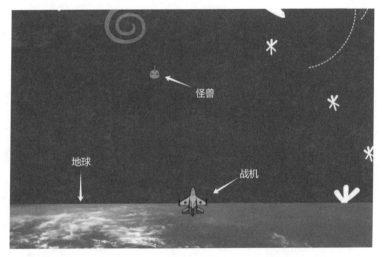

图 11-5

到这里，正派和反派的角色都已经在我们的游戏界面亮相了。怎么样，是不是有点小有成就的感觉了。

11.4　知识小结和拓展

✳ 理解游戏窗口以像素为单位的坐标体系。以左上角为初始坐标位置，横向向右、纵向向下逐次以像素为单位递增坐标位置。以（800，600）的屏幕为例，理解以下几个点的坐标。

◆ 左上角：（0，0）。

◆ 左下角：（0，600）。

◆ 右上角：（800，0）。

◆ 右下角：（800，600）。

◆ 中心点：（400，300）。

✳ 理解 blit() 方法的作用，掌握其使用方法。

blit() 方法的作用是将一张图片（surface 对象）在指定的屏幕位置展现。

这个方法有两个参数：①要展示的图片；②图片展示的位置坐标。

✳ 理解 pygame.display.update() 这个方法的作用，掌握其用法。

pygame.display.update() 方法的作用是把图片的最新位置在游戏界面更新展示。

知识加油站

看动画 学编程

在微信公众号"黄爸爸教编程"中输入"像素"，或者使用手机扫码观看视频，进一步理解什么是像素。

微信

B 站

11.5　课后练习、探索和创新

1. 在 Pycharm 创建一个 practice11.py 的文件，把本课的代码重写一遍。

2. 在 practice11.py 中尝试以下代码更改，看看有什么效果。

（1）对 screen.blit(background, (0, -200)) 进行修改，调整背景图片的位置。

（2）对 screen.blit(enemy1, (300, 200)) 进行修改，调整怪兽的位置，比如调整到（350，400），看看会发生什么。

（3）对 screen.blit(player, (370, 480)) 进行修改，调整战机的位置，比如调整到（600，480），看看会发生什么。

第⑫课
实现动画：蠢蠢欲动的怪兽

上一课我们在游戏界面中加入了宇宙背景图片、地球图片、一只怪兽和一架战机，但是目前来看和一个能玩的游戏还相差甚远，毕竟这还只是一个静止的画面。这一课我们将让怪兽先动起来。

12.1　实验场：让怪兽先动起来

我们在项目中创建一个新的代码文件，命名为 lesson12.1.py，在代码窗口输入以下代码：

```
import pygame

# 初始化游戏程序，构建游戏窗口
pygame.init()
screen = pygame.display.set_mode((800, 600))
pygame.display.set_caption(" 外星怪兽的入侵 ")
icon = pygame.image.load('images/plane_icon.png')
pygame.display.set_icon(icon)
# 加载所需图片
background = pygame.image.load('images/bg.png')
enemy1 = pygame.image.load('images/enemy1.png')
earth = pygame.image.load('images/earth.png')
player = pygame.image.load('images/plane_fight.png')
# 定义怪兽 X 轴方向的初始位置
enemy1_x = 200
# 使用条件循环，让下面的程序一直重复执行
while True:
    # 显示游戏的背景图片
    screen.blit(background, (0, -200))
    # 显示地球、怪兽和战斗机的图片
    screen.blit(earth, (0, 500))
    screen.blit(enemy1, (enemy1_x, 200))
    screen.blit(player, (370, 480))
```

```
# 在游戏屏幕中把变化的图像展示出来
pygame.display.update()
# 每次循环，让怪兽向右移动一个像素
enemy1_x += 1
```

现在我们先运行一下这个程序看看效果，如图 12-1 所示，是不是能看到怪兽在横向向右移动呢？

图 12-1

代码解析如下。

和上节课的代码相比，这段代码的变化主要是：①增加了一个代表怪兽横向方向坐标的 enemy1_x；②应用 while 语法的条件循环。

为了让程序中的图片动起来，我们需要一个不间断运行的程序，while True: 这个条件循环则实现了该目的。在每一次循环里面，程序都会在游戏窗口重新"画一次"包括怪兽在内的所有图片。让怪兽动起来，实际上就是让每次循环中怪兽的位置发生变化，那么视觉上看起来就会是怪兽在移动。所以我们使用 enemy1_x 这个变量代表怪兽的 X 轴（横向）的位置，enemy1_x += 1 这行代码可以每次循环后都让怪兽 X 轴的位置增加 1 个像素。而其他图片，如战斗机，虽然在每次循环中都会被重新"画"一次，但因为它的位置没有发生任何变化，所以看起来仍然是静止的。

12.2　实验场：让怪兽左右移动

上面的程序完成后，怪兽在游戏界面一直向右移动，最后移出了界面看不到了。现在我们给程序做一点点修改，让怪兽遇到游戏界面两侧边框时能够往回走。

我们想想这个程序逻辑应该怎么实现呢？

我们需要对怪兽的位置进行判断：如果它的 X 轴坐标值大于 800 了说明它

出了右边界了，我们需要把 enemy1_x 这个变量值往下减；如果它的 X 轴坐标值 <0 了，则说明出了左边界，我们需要把 enmey1_x 这个变量往上加。为了控制怪兽 X 轴的加减，我们新增一个变量 step_x，使其初始值为 1。当怪兽遇到边界的时候，我们用 -1 * step_x 就能实现怪兽移动方向的改变了。在上一课的代码基础上做如下修改：

1．增加 step_x 变量，如图 12-2 所示。

```
# 定义怪兽X轴方向初始位置
enemy1_x = 300
# 控制怪兽的移动
step_x = 1                    增加这行代码
# 使用条件循环，让下面程序一直重复执行
while True:
    # 实现游戏程序的退出
```

图 12-2

2．对怪兽位置进行判断，并根据情况调整 step_x 的值。

在代码的最后位置将原先的 enemy1_x += 1 这行代码更改为以下新代码：

```
if enemy1_x > 800 or enemy1_x < 0:
    step_x *= -1
enemy1_x += step_x
```

这部分代码的位置如图 12-3 所示。

```
# 显示地球、怪兽和战斗机的图片
screen.blit(earth, (0, 500))
screen.blit(enemy1, (enemy1_x, 200))
screen.blit(player, (370, 465))
# 在游戏屏幕中把变化的图像展示出来
pygame.display.update()
# 判断怪兽的位置，如果超出边界则回移
if enemy1_x > 800 or enemy1_x < 0:
    step_x *= -1                    修改代码
enemy1_x += step_x
```

图 12-3

现在我们再重新运行程序，是否发现怪兽可以自己左右移动了呢？

12.3　实验场：关闭游戏窗口

之前我们说现在的游戏窗口还有个小问题，就是无法通过右上角的退出按钮

直接退出游戏程序。现在我们来优化一下这个问题。

在 while 循环中加入以下代码：

```
for event in pygame.event.get():
    if event.type == pygame.QUIT:
        pygame.quit()
        sys.exit()
```

添加这段代码后重新运行程序，我们就可以轻松地通过游戏窗口右上角的退出按钮关闭游戏程序了，添加代码的位置如图 12-4 所示。

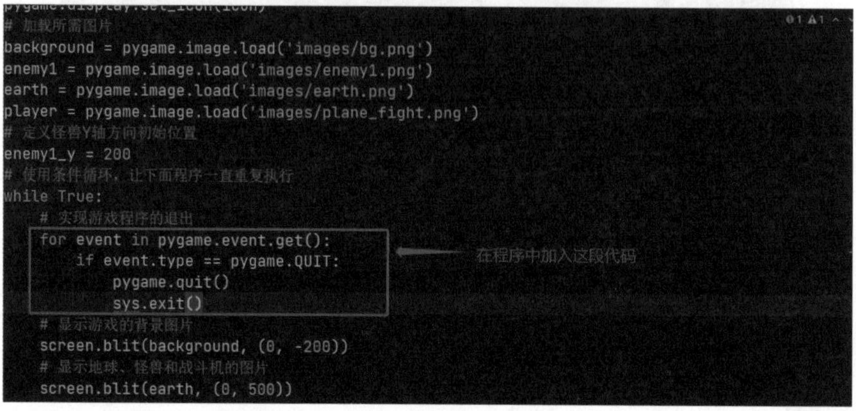

图 12-4

代码解析如下。

pygame.event.get() 使用了 pygame 下属的 event 子模块中的 get() 方法，它的作用是捕获在游戏程序运行中的各种用户事件，如键盘动作、鼠标移动和窗口退出等。使用 for 开头的计数循环可以对所有捕获的事件进行一一处理。

```
if event.type == pygame.QUIT:
        pygame.quit()
        sys.exit()
```

这段代码的作用是判断游戏程序是否捕获到了"退出"事件，如果是的话则执行 pygame 程序的退出和游戏窗口的关闭。

想一想，我们为什么要在 while 开头的条件循环中加入这段代码，而不是在 while 循环之外呢？因为我们不知道退出事件什么时候会发生，所以需要程序持续不断地监听退出事件。

12.4　知识小结和拓展

※ 理解为什么要在游戏程序中加入条件循环，而且让条件始终成立。

※ 掌握在游戏程序中使用 while True: 的条件循环。

※ 掌握通过使用条件循环和控制位置变量值的方法，实现图片的动画效果。

※ 理解并掌握游戏程序退出的程序代码。

知识加油站

看动画　学编程

　　在微信公众号"黄爸爸教编程"中输入"动画"，或者使用手机扫码观看视频，进一步学习动画的知识。

微信

B 站

12.5　课后练习、探索和创新

1. 创建 practice12.py 文件，并重写本课的程序代码。

2. 尝试通过对 enemy1_y += 1 这行代码的修改，实现不同怪兽的移动速度。

3. 尝试在程序中增加 enemy1_y 变量，实现怪兽 Y 轴方向上的移动。

第⑬课
键盘事件处理：控制战机移动

在上节课，我们的反派角色——一只怪兽已经蠢蠢欲动，虽然还没有开始攻击地球，但我们不得不做好准备了。现在是时候让我们的战机"坦迪"启动了！

在之前的内容中，我们已经学了通过 pygame.event.get() 方法获得游戏中的各种事件，然后对出现的事件进行处理，如处理窗口退出事件。这节课，我们将学会通过 pygame.event.get() 捕获键盘事件，实现通过键盘按键控制战机移动。

13.1 实验场：正义时刻，战机启动

在这个实验中，我们要通过键盘上的左右移动两个按键实现战机的左右移动。和上节课一样，我们需要新增两个变量：

1．player_x，用于表示战机的 X 轴位置。

2．play_step，用于表示战机每次移动的增量，正数为向右移动，负数为向左移动。

创建一个新的代码文件 lesson13.1.py，从上一课的代码文件中复制完整的代码过来，再在 while 条件循环的代码之前，添加如下代码：

```
# 定义战机 X 轴的初始位置和战机的位移变量
player_x = 370
player_step = 0
```

接下来，我们需要在事件处理的代码中增加对键盘事件的识别和处理，判断是否捕获到左右两个按键的按下事件。如果右键按下则让 player_step 的值为 2，如果左键按下则让 player_step 的值为 -2，最后再让 player_x 的值加上 player_step 这个位移变量。

```
if event.type == pygame.KEYDOWN:
    if event.key == pygame.K_RIGHT:
        player_step = 2
    if event.key == pygame.K_LEFT:
```

```
player_step = -2
```

注：代码中 pygame 后面跟着英文大写字母的都是 pygame 中预先定义的常量。

- pygame.KEYDOWN：代表键盘被"按下"，其中"KEY"是"键盘"的意思；"DOWN"是"向下"的意思。
- pygame.K_RIGHT：代表键盘上的"右键"，其中"K"代表按键，"RIGHT"代表向右。
- pygame.K_LEFT：代表键盘上的"左键"，其中"K"代表按键，"LEFT"代表向左。

然后在事件处理循环之外，添加让 player_x 根据 player_step 的值发生变化的代码：

```
player_x += player_step
```

最后，我们需要在显示战机图片的代码中，把 blit() 方法内部的 X 轴参数更改为 player_x：

```
screen.blit(player, (player_x, 465))
```

完整修改后的代码如图 13-1 所示。

```
# 定义战机X轴初始位置和战机的位移变量
player_x = 370          新增两个变量，分别表示战机的位置和位移量
player_step = 0
# 使用条件循环，让下面程序一直重复执行
while True:
    # 实现游戏程序的退出
    for event in pygame.event.get():
        if event.type == pygame.QUIT:
            pygame.quit()
            sys.exit()
        if event.type == pygame.KEYDOWN:        新增代码：当检测到键盘的左
            if event.key == pygame.K_RIGHT:     右按键被按下时，修改战机的
                player_step = 2                 位移量
            if event.key == pygame.K_LEFT:
                player_step = -2
    player_x += player_step          新增代码：战机的新位置等于当前位置加上
    # 显示游戏的背景图片                 位移量
    screen.blit(background, (0, -200))
    # 显示地球、怪兽和战斗机的图片
    screen.blit(earth, (0, 500))
    screen.blit(enemy1, (enemy1_x, 200))
    screen.blit(player, (player_x, 465))    修改代码：使用player_x这个变量
    # 在游戏屏幕中把变化的图像展示出来
    pygame.display.update()
```

图 13-1

现在我们运行一下程序看看效果。分别按下键盘上的左键和右键，战机即可

左右移动，效果如图 13-2 所示。

图 13-2

13.2 实验场：约束一下战机，不要让它乱跑了

完成上面的实验后，战机随着左右按键的按下就能左右移动了。但是我们发现一个小问题，战机一不小心就会从左边界或者右边界跑出去了。现在我们想要约束一下它，让它不要跑出去。

思考一下程序代码该怎么实现呢？我们是否需要对战机的位置做个判断呢？

是的，我们可以通过对战机的当前位置进行判断，如果超出边界了则战机不再移动。

为了实现这个功能，我们需要对 player_x 变量进行判断，如果它超出左右的边界值则令其不再发生位移变化。现在我们在 playerX +=player_step 这行代码的后面加上以下代码：

```
if player_x > 765 or player_x < -30 :
    player_step = 0
```

其在代码中的位置如图 13-3 所示。

图 13-3

想一想，我们为什么在左边界的控制使用 -30，而不是 0；右边界的控制使用 765，而不是 800 呢？没错，因为我们要考虑战机本身的宽度。本例中战机图片的宽度是 67 像素，我们要让战机移动到左边界的时候再左移动一半的机身位置，大概就是 30 像素了；同样，在右边界，我们如果用 800 来控制战机右侧位置的话，战机就会超出边界看不到了，所以也要相应地减少大概半个机身的像素数量。

现在再重新运行一下，看看战机是否乖乖地停在边界不乱跑了呢？

13.3　知识小结和拓展

❉ 理解并掌握键盘事件的捕获和处理。

　◆ 通过 pygame.event.get() 捕获全部 pygame 游戏中的所有事件。

　◆ 通过条件 "event.type == pygame.KEYDOWN" 判断是否为 "键盘按下" 事件。

　◆ 通过条件 "event.key == pygame.K_RIGHT" 进一步判断按下的是否为 "右键"。

　◆ 通过条件 "event.key == pygame.K_LEFT" 进一步判断按下的是否为 "左键"。

❉ 熟记以下三个常量及其含义。

　◆ pygame.KEYDOWN：代表键盘被 "按下"。其中 "KEY" 是 "键盘" 的意思；"DOWN" 是 "向下" 的意思。

　◆ pygame.K_RIGHT：代表键盘上的 "右键"。其中，"K" 代表按键，"RIGHT" 代表向右。

　◆ pygame.K_LEFT：代表键盘上的 "左键"。其中，"K" 代表按键，"LEFT" 代表向左。

❉ 熟练掌握使用两个变量配合实现图片动态移动的方法。

在例子中我们使用了 player_x 和 player_step 这两个变量进行配合，以实现 player_x 的动态变化。

　◆ player_x：代表战机的 X 轴位置。

　◆ player_step：代表战机 X 轴每次位置移动的变化值，如果按下右键则让其为正数，player_x 增加，战机右移；如果按下左键，则让其为负数，player_x 减小，战机左移。

13.4　课后练习、探索和创新

1. 在 Pycharm 中创建一个 practice13.py 代码文件，把到目前为止的代码完整地实现一遍。

2. 尝试修改一下代码，让战机的移动速度更快。

3. 尝试修改一下代码，控制战机 X 轴的移动位置不超出（100，700）的范围，并看看效果。

4. 做个更大胆的改动，尝试通过键盘上下两个按键，控制战机在 Y 轴方向移动。

第(14)课
类和对象：来了一群怪兽

通过前面课程的学习，我们的游戏界面上出现了一只怪兽和一架战机。怪兽可以在水平方向移动，而战机则可以通过键盘的控制左右移动。实际的游戏中，我们肯定希望游戏界面上可以出现源源不断的、各式各样的怪兽。这怎么实现呢？

为了更方便地在游戏程序中实现上述功能，我们需要引入"类"和"对象"的概念，这也是计算机程序世界中最重要的概念之一了。

那么什么是"类"？什么是"对象"？"类"可以理解为一类相似物品的总称，而"对象"则是这一类别下的具体事物。也可以简单理解为类是一个"模板"，而对象则是这个模板生成的"物品"，如图 14-1 所示。

图 14-1

"类"有以下两个重要的概念。

● 属性：是对类的"静态状态"描述，一个类可以有多个属性。比如，你可以给"狗"这个类定义品种、大小、颜色和年龄等属性。

● 方法：是对类的"动态行为"描述，一个类也可以有很多方法。比如，狗可以吃、跑、睡、跳，等等。

在计算机世界中，我们可以基于预先定义的"类"创建具体的"对象"。比如，基于"狗"这个类，我们可以创建一个狗的"对象"，这个"对象"则是非常具体的，如一只 5 岁浅灰色的大的斗牛犬。

14.1　实验场：危险来临，好多怪兽啊

在 Python 中通过类来创建对象非常方便，因此，为了能够方便地创建更多怪兽，我们今天给游戏中的怪兽定义一个类。首先我们要根据游戏需要，初步设计好怪兽这个类的"属性"和"方法"，后续还可以对这个类做进一步的优化。

- 类的名称：Enemy。
- 属性：用以描述怪兽的静态状态。
  - 图片：可以用来区分不同的怪兽。
  - X 轴位置：记录怪兽在屏幕上 X 轴的位置。
  - Y 轴位置：记录怪兽在屏幕上 Y 轴的位置。
  - 移动速度：用来表示怪兽移动的快慢。
- 方法：用以描述怪兽的动态行为。
  - 移动：现在怪兽还只会在屏幕上移动，所以就先定义这一个方法。

在 Pycharm 中新建一个代码文件 lesson14.1.py，在文件中输入以下代码。你可以从上一课中将代码复制过来并修改，也可以完整地重新编写代码。

```python
import pygame
import random

# 初始化游戏程序，构建游戏窗口
pygame.init()
screen = pygame.display.set_mode((800, 600))
pygame.display.set_caption(" 外星怪兽的入侵 ")
icon = pygame.image.load('images/plane_icon.png')
pygame.display.set_icon(icon)
# 加载所需图片
background = pygame.image.load('images/bg.png')
enemy1 = pygame.image.load('images/enemy1.png')
earth = pygame.image.load('images/earth.png')
player = pygame.image.load('images/plane_fight.png')

# 定义怪兽的类
class Enemy:
    def __init__(self):
```

```
            self.img = enemy1
            self.x = random.randint(100, 700)
            self.y = random.randint(100, 300)
            self.step = random.choice((1, -1))


    def move(self):
            screen.blit(self.img, (self.x, self.y))
            self.x += self.step
            if self.x > 800 or self.x < 0:
                self.step *= -1
            self.y += 0.1


# 生成怪兽的对象
enemies = []
for i in range(6):
    enemies.append(Enemy())


# 定义战机 X 轴的初始位置和战机的位移变量
player_x = 370
player_step = 0
# 使用条件循环，让下面的程序一直重复执行
while True:
    # 实现游戏程序的退出
    for event in pygame.event.get():
        if event.type == pygame.QUIT:
            pygame.quit()
            sys.exit()
        if event.type == pygame.KEYDOWN:
            if event.key == pygame.K_RIGHT:
                player_step = 2
            if event.key == pygame.K_LEFT:
                player_step = -2
    player_x += player_step
    if player_x > 765 or player_x < -30:
        player_step = 0
    # 显示游戏的背景图片
    screen.blit(background, (0, -200))
    # 显示地球、怪兽和战斗机的图片
    screen.blit(earth, (0, 500))
```

```
# 怪兽在游戏界面上显示并移动
for enemy in enemies:
    enemy.move()
screen.blit(player, (player_x, 480))
# 在游戏屏幕中把变化的图像展示出来
pygame.display.update()
```

运行程序，效果如图 14-2 所示。

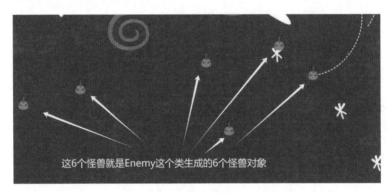

这6个怪兽就是Enemy这个类生成的6个怪兽对象

图 14-2

本节代码的重点是使用类和对象来创建怪兽，解析如下。

● 定义怪兽的类。

```
class Enemy:
    def __init__(self):
        self.img = enemy1
        self.x = random.randint(100, 700)
        self.y = random.randint(100, 300)
        self.step = random.choice((1, -1))

    def move(self):
        screen.blit(self.img, (self.x, self.y))
        self.x += self.step
        if self.x > 800 or self.x < 0:
            self.step *= -1
            self.y += 0.1
```

代码要点如下。

1. 第一行代码"class Enemy:"，这里英文单词"class"是"种类"的意思，它是 python 的关键字，用来声明一个类。在 class 的后面，是我们自己给类起的

名字，在这里我们使用了"Enemy"这个名字。

注意：类的名字的第一个字母需要大写。

2. 第二行代码"def __init__(self):"，这部分是对类所产生的对象进行初始化。每个类对应的对象产生的时候，都会执行一次 __init__ 方法。def 是英文单词"define"的缩写，意思是"定义"；__init__ 的写法是在英文单词"init"的前后分别加上两个下划线。括号内的"self"是 __init__ 这个方法的参数，它也是 python 的关键字，英文含义是"自己"，在这里它代表对象本身。

注意：def 开始的这段代码在编排上需要缩进。使用键盘上的制表键"Tab"按键就可以实现缩进。

3. 我们上面提到 __init__ 方法是对对象的初始化，因为我们要创建的对象是怪兽，所以在这里就是对怪兽进行初始化。因此，我们要在这部分的代码里面把怪兽的 4 个"属性"进行初始化的定义，它们分别是怪兽的图片、X 轴位置、Y 轴位置和移动速度。

● 定义怪兽的图片。

```
self.img = enemy1
```

● 定义怪兽的 X 轴和 Y 轴的初始位置，这里使用 random.randint() 方法产生随机的整数，使得每个怪兽的初始位置各不相同。

```
self.x = random.randint(100, 700)
self.y = random.randint(100, 300)
```

● 定义怪兽的移动速度，这里使用 random.choice() 方法，可以实现每个怪兽初始的移动方向是左右各不相同的。

```
self.step = random.choice((1, -1))
```

4. 除了标准的 __init__ 方法外，我们自定义了一个方法 move()，这个方法主要实现的功能有两个：

（1）调用 blit 方法在屏幕上呈现怪兽。

（2）让怪兽的 X 轴和 Y 轴的位置发生变化。

● 使用 blit 方法呈现怪兽。大家还记得 blit 方法的使用吗？这个方法有两个重要的参数，分别是图片和位置。在这行代码中，我们使用 self.img 作为 blit 方法的图片参数。self 代表对象本身，img 是对象的图片"属性"。同样的道理，self.x 代表的是怪兽对象的 X 轴属性，而 self.y 则代表怪兽的

Y 轴属性。

```
screen.blit(self.img, (self.x, self.y))
```

● 后面的这 4 行代码，我们似曾相识，它们是对怪兽的 X 轴和 Y 轴的位置进行移动调整。因为我们已经令对象的属性 x 和 y 分别代表了 X 轴和 Y 轴的位置，因此我们不需要像之前的代码一样再单独对其定义变量了，这里可以直接使用 self.x 和 self.y 这两个属性进行赋值操作。

```
self.x += self.step
if self.x > 800 or self.x < 0:
    self.step *= -1
self.y += 0.1
```

● 基于怪兽的类，创建 6 个怪兽对象。

```
enemies = []
for i in range(6):
enemies.append(Enemy())
```

代码要点如下。

1．enemies = [] 这行代码是初始化一个空的列表变量 enemies，用以存放即将创建的怪兽对象。

2．range() 方法是 python 的内置函数，它可以创建一个数值序列。range(6) 将创建一个从 0 开始到 5 结束一共 6 个数的数值序列。因此，这个计数循环将执行 6 次循环内的代码。

3．enemies.append(Enemy()) 这行代码实际上执行了两个操作：

（1）Enemy() 这个方法将会创建一个基于 Enemy 这个类的对象。

（2）enemies.append() 这个方法可以把参数内的内容添加到 enemies 这个列表类型的变量中。因为它的参数是由 Enemy() 这个方法产生的怪兽对象，所以在执行完这条语句后，enemies 这个列表中将新增一个怪兽对象。

● 在 While 条件循环中调用怪兽对象的 move 方法。

```
for enemy in enemies:
enemy.move()
```

这个计数循环是对 enemies 中所有的怪兽对象执行一次 Enemy 这个类中的 move() 方法（也就是让程序执行 move 方法下的那些代码）。具体就是：

```
def move(self):
    screen.blit(self.img, (self.x, self.y))
```

```
self.x += self.step
if self.x > 800 or self.x < 0:
    self.step *= -1
    self.y += 0.1
```

14.2　知识小结和拓展

✳ 理解类和对象的概念。

　　◆ "类"可以理解为一类相似的物品的总称，它是"对象"的模板。

　　◆ "对象"是"类"生成的具体的事物，它是"类"的具体实例。

✳ 理解类的属性和方法。

　　◆ 属性：是对类的"静态状态"描述，一个类可以有多个属性。

比如，你可以给"狗"这个类定义品种、大小、颜色和年龄等属性。

　　◆ 方法：是对类的"动态行为"描述，一个类也可以有很多方法。

比如，狗可以吃、跑、睡、跳，等等。

✳ 掌握用 Python 语言定义类的具体方法，以下是定义一个类的代码模板，
　注意代码书写上的缩进要求。

```
class 类名:
    def __init():
        对象的初始化代码
    def 方法名:
        方法内的具体代码
```

✳ 类的名称首字母需要大写。

✳ 对象的初始化代码在类的 __init__() 方法中定义，一般我们在这里定义类
　的属性和属性的初始值。__init__() 方法在每次生成新的对象时都会被执
　行一次。

✳ 关键字 "self" 代表对象自己。类内访问属性需要引用 self，如 self.age、
　self.x 等；类内引用其他方法也需要引用 self，如 self.move()。

✳ 掌握创建对象的方法。在类的名称后面直接加上 () 就可以创建一个对象
　了，如执行 Enemy() 就可以创建一个 Enemy 类下的对象。

✳ 掌握结合计数循环创建多个对象的方法。

```
for i in range( 数值 ):
    类名 ()
```

❋ 结合列表变量，掌握在列表变量存储对象的方法。

```
列表名 .append( 类名 ())
```

❋ 结合计数循环，对列表中的变量进行批量操作，如调用对象的某个方法。

```
for 临时变量 in 列表名 :
    临时变量 . 方法名 ()
```

知识加油站

看动画　学编程

在微信公众号"黄爸爸教编程"中输入"类"或者"对象"，或者使用手机扫码观看视频，进一步学习类和对象的知识。

微信

B 站

14.3　课后练习、探索和创新

1. 在 Pycharm 中创建一个 practice14.py 代码文件，把到目前为止的最新代码完整地实现一遍。

2. 在 practice14.py 中尝试创建一个新的怪兽类，基于该类创建 20 只怪兽，并在游戏界面上显示和移动。具体要求如下：

（1）类的名称为 Ghost。

（2）怪兽图片使用 enemy2.png。

（3）怪兽的初始 X 轴位置在 0 和 800 之间。

（4）怪兽的初始 Y 轴位置在 100 和 200 之间。

（5）怪兽的 X 轴移动速度随机为 1，-1，2，-2。

（6）怪兽的 Y 轴移动速度为 0.2。

3．在 practice14.py 中尝试创建一个子弹类，基于该类创建 20 发子弹，并在游戏界面上显示和移动。具体要求如下：

（1）类的名称为 Bullet。

（2）子弹图片使用 bullet.png。

（3）子弹的初始 X 轴位置在 0 和 800 之间。

（4）子弹的初始 Y 轴位置为 600。

（5）子弹在 X 轴方向不移动。

（6）子弹的 Y 轴移动速度为 -2。

第15课
随机性：各种可怕的怪兽

上一课的游戏程序中出现了一群怪兽，但它们长得都一模一样，是不是有些无趣呢？能否让怪兽的种类丰富一些，出现各种各样的怪兽呢？

这节课我们将实现这个功能，让怪兽的种类更加丰富，主要实现：

1. 使用更多怪兽的图片，随机分配给一只怪兽。

2. 大约每隔 10 只怪兽，就会出现一只大脸怪。

3. 每只怪兽的移动速度各不相同。

15.1　实验场：随机出现的怪兽

设计思路如下。

1. 我们需要加载更多的怪兽图片，形成一个怪兽的图片列表。

2. 使用一个随机函数，怪兽出现时从图片列表中随机选择一张怪兽图片分配给怪兽。

创建一个新的 Python 文件，命名为 lesson15.1.py，并将初始代码从上一课中复制过来。

1. 在代码文件中，将以下这行代码

```
enemy1 = pygame.image.load('images/enemy1.png')
```

更改为以下新的代码：

```
small_enemy_img = [pygame.image.load('images/enemy1.png'),
                   pygame.image.load('images/enemy2.png'),
                   pygame.image.load('images/enemy3.png'),
                   pygame.image.load('images/enemy4.png'),
                   pygame.image.load('images/enemy5.png'),
                   pygame.image.load('images/enemy6.png'),
                   pygame.image.load('images/enemy7.png'),
                   pygame.image.load('images/enemy8.png'),
                   pygame.image.load('images/enemy9.png')]
```

2．在 Enemy 的类中，找到怪兽图片属性赋值的那行代码，即 self.img = enemy1 这一行，将其更改为如下代码：

```
self.img = random.choice(small_enemy_img)
```

现在运行程序，看看游戏中是否如图 15-1 所示出现了各种各样的怪兽？

关闭游戏后重新运行，这次出现的怪兽是否和上次有所不同？

图 15-1

是的，因为我们使用了随机函数，使得每次运行出现的怪兽都有可能不同，这样游戏才会更有趣。

代码解析如下。

1．small_enemy_img 是一个列表，里面存储了 9 张怪兽的图片。

2．random.choice 是随机函数，它实现的功能是从 small_enemy_img 随机选择一张图片赋值给 self.img。

15.2　实验场：随机出现的大脸怪

为了让游戏更刺激，我们是不是也希望每隔一段时间出现一只大一点的怪兽呢？

我们游戏的另外一个反派主角——大脸怪也想要登场了！我们就设计大约每 10 只怪兽中，就会有一只大脸怪出现吧。

设计思路如下。

1．需要给怪兽分成两种类型，即大脸怪和小怪兽。

2．创建一个函数，这个函数告诉我们要生成大脸怪还是小怪兽。

3．我们根据函数返回的结果给 self.img 赋值怪兽的图片。

代码实现如下。

现在我们创建一个新的代码文件 lesson15.2.py，将代码从 lesson15.1.py 中复制过来。

1．在加载怪兽图片的位置，添加一行新的代码，用以加载大脸怪的图片：

```
big_enemy_img = pygame.image.load('images/enemy10.png')
```

2．定义函数，返回怪兽的类型：

```
def enemy_size():
    if random.randint(1, 10) == 10:
        return 'big'
    else:
        return 'small'
```

这个函数会有 1/10 的概率返回"big"这个结果，9/10 的概率返回"small"这个结果。

3．在 Enemy 的类中，在 __init__() 方法中，添加一个名为"size"的参数，并更改 self.img 的赋值逻辑：

```
def __init__(self, size):
    self.type = size
    if self.type == 'big':
        self.img = big_enemy_img
    else:
        self.img = random.choice(small_enemy_img)
```

size 参数的值将由 enemy_size() 的函数生成，所以 size 的值有可能是"big"，也有可能是"small"。if 语句将根据 size 的值决定 self.img 的赋值。

4．在生成怪兽的语句中，我们做如下修改：

```
for i in range(20):
    enemies.append(Enemy(enemy_size()))
```

和之前的代码相比，有两点差异：

（1）我们将怪兽的数量从 6 更改为 20。

（2）在创建怪兽对象的 Enemy() 的括号内，添加了 enemy_type() 的函数调用。

enemy_size() 函数将返回"big"或"small"的值，这个值将作为参数传递到 __init__() 方法的 size 参数中。

现在我们运行一下程序，效果如图 15-2 所示。

图 15-2

你可以多运行几次，观察一下出现的大脸怪数量。可以看到游戏程序中出现了几只大脸怪，因为 random 函数的随机性使得每次出现大脸怪的数量会有所不同，这其实就是我们要呈现的效果。

代码解析如下。

```
def enemy_size():
    if random.randint(1, 10) == 10:
        return 'big'
    else:
        return 'small'
```

我们定义了一个 enemy_size 函数，函数中 random.int 从 1 到 10 随机抽一个数字，如果抽到 10 的话，函数就返回"big"，否则就返回"small"。

```
def __init__(self, size):
    self.type = size
    if self.type == 'big':
        self.img = big_enemy_img
    else:
        self.img = random.choice(small_enemy_img)
```

我们在 Enemy 这个类的 __init__() 方法中，除了 self 参数外，又增加了一个 size 参数，将 size 的值传递给怪兽的 type 属性，并使用 if 语句根据怪兽的 type 类型决定 self.img 的图片属性。

```
for i in range(20):
```

```
enemies.append(Enemy(enemy_size()))
```

因为现在 Enemy 类的 __init__() 方法中出现了一个 size 参数，因此我们需要将 enemy_size() 函数作为参数传递给 Enemy()。因为 enemy_size() 函数会返回 "big" 或者 "small"，所以实际上传递给 Enemy() 的就是 "big" 或者 "small" 的字符串。

15.3　实验场：随机的怪兽速度

我们发现现在的怪兽不管是横向移动还是纵向移动，它们的速度都是一样。这么整齐划一地移动看起来好像很乖，一点不像怪兽的行径。现在我们调整一下程序代码，让每只怪兽横向和纵向的移动速度均随机。

设计思路如下。

1. 既然在横向和纵向都要实现速度随机，我们需要给怪兽定义横向移动速度属性 x_step 和纵向的移动速度属性 y_step。

2. 分别为 x_step 和 y_step 定义一个移动的速度列表，让它们的值从这两个列表中随机选择。

代码实现如下。

这部分的代码集中在 Enemy 类的内部，修改后的 Enemy 类的代码如下：

```
class Enemy:
    def __init__(self, size):
        self.type = size
        if self.type == 'big':
            self.img = big_enemy_img
        else:
            self.img = random.choice(small_enemy_img)
        self.x = random.randint(100, 700)
        self.y = random.randint(100, 300)
        self.x_step = random.choice((1, 0.75, 0.5, -0.5, -0.75 - 1))
        self.y_step = random.choice((0.05, 0.1, 0.15))

    def move(self):
        screen.blit(self.img, (self.x, self.y))
        self.x += self.x_step
```

```
        if self.x > 800 or self.x < 0:
            self.x_step *= -1
        self.y += self.y_step
```

运行一下程序看看效果，怪兽们现在是不是不那么整齐划一地移动了？

代码解析如下。

```
self.x_step = random.choice((1, 0.75, 0.5, -0.5, -0.75 - 1))
        self.y_step = random.choice((0.05, 0.1, 0.15))
```

这部分代码定义怪兽的横向和纵向移动速度，通过 random.choice() 函数从列表中随机选择一个值进行赋值。

其他的代码变化部分读者可以自行解读。

15.4　知识小结和拓展

❈ 理解"随机"的含义，想想生活中有哪些随机事件？

❈ 进一步学习随机函数的功能，想象它们的应用场景。

◆ random.random()：返回一个 0.0 到 1.0 之间的随机浮点数。

◆ random.randint(a, b)：用于生成一个（a，b）范围内的整数。

◆ random.uniform(a, b)：返回一个 a 到 b 之间的随机浮点数，包括 a 和 b。

◆ random.choice(list)：从 list 序列中获取一个随机元素。

◆ random.choices()：用于从一个列表、元组、字符串等元素中随机选择多个元素，每个元素可能出现多次，可以设置权重。

例如，random.choices(['big', 'small'], [1, 9]) 表示从列表 ['big', 'small'] 中分别按照"big"的 10% 概率占比和"small"的 90% 的概率占比随机返回结果。

❈ 本课中定义的 enemy_size() 函数本质上也是一个随机函数，它的功能可以由 random 模块的 random.choices() 函数直接实现。

15.5　课后练习、探索和创新

1. 在 Pycharm 创建一个 practice15.py 的代码文件，重写到目前为止的完整代码。

2. 自己准备一些简单的怪兽小图片，可以自己用画图工具画，或者从网上下载，然后将自己准备的怪兽图片添加到怪兽的图片列表中，最终呈现在游戏界面上。

3．尝试使用 random.choices() 方法替代本课中的 enemy_size() 函数。

4．准备一张比较大的怪兽图片，修改实验 2 的代码，增加巨型怪兽的类型，使其出现的概率为 1/20。

5．调整实验 3 的代码，按照自己的想法调整怪兽的移动速度。

第⑯课
自定义事件：定时生成怪兽

在前面的内容中，我们一开始就创建了怪兽，后面就没有新的怪兽产生了。而在对战游戏中，怪兽需要被战机击落同时源源不断地持续生成。这节课的内容就是要实现这个功能。

16.1　实验场：源源不断的怪兽

设计思路如下。

我们需要在游戏中实现一个"定时器"，每隔 1 秒钟该"定时器"就会提醒我们创建一只新的怪兽。

以上功能可以在 Pygame 通过用户自定义事件叠加定时器的功能实现。

代码实现如下。

在 Pycharm 中新建一个新的代码文件 lesson16.1.py，并复制之前最新的完整代码。

1．找到一次性创建怪兽的代码，将其删除。

```
for i in range(20):
    enemies.append(Enemy(enemy_size()))
```

2．在删除代码的相同位置，编写以下代码：

```
enemy_event = pygame.USEREVENT + 1
pygame.time.set_timer(enemy_event, 1000)
```

代码解析如下。

第 1 行代码创建一个自定义事件。

我们定义事件的名称为"enemy_event"，这是我们给事件起的名字。

除了名字，我们还需要给自定义事件一个"唯一"的事件编号。

pygame.USEREVENT 是 Pygame 预先定义的常量，它是一个数字，代表 Pygame 默认的自定义事件的起始编号。我们可以用 pygame.USEREVENT + 1 作为我们自定义事件的编号。

第 2 行代码实现了定时触发"enemy_event"事件的功能。

这里应用了 Pygame 的 time 子模块下的 set_timer() 方法。英文单词"timer"是"定时器"的意思。set_timer() 内有两个参数，第一个是定时器要触发的事件，第二个是触发事件的时间间隔，其单位为毫秒。set_timer(enemy_event, 1000) 的作用是每隔 1000 毫秒（1 秒）触发一次 enemy_event 事件。

3. 在游戏的 while 循环的事件处理程序中添加如下代码：

```
if event.type == enemy_event:
    enemies.append(Enemy(enemy_size()))
```

新增的代码位置如图 16-1 所示。

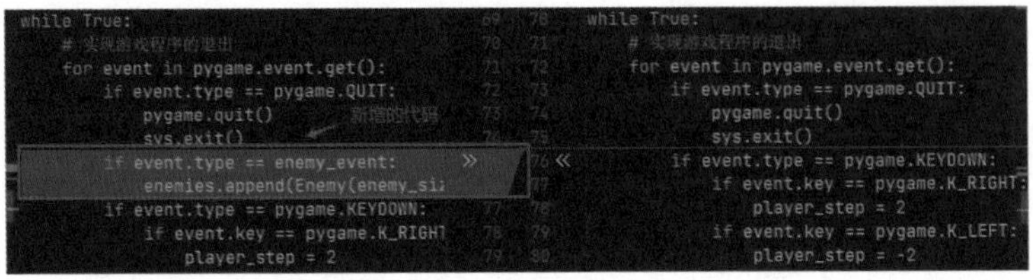

图 16-1

代码解析如下。

event.type == enemy_event 判断是否已经触发了我们预先定义的 enemy_event 事件，如果是的话则在怪兽的列表中新增一个怪兽。

现在我们可以再运行一下程序，看看现在怪兽是怎么出现的。是不是每隔一秒出现一个了呢？

16.2　知识小结和拓展

❋ 理解什么是自定义事件。

Pygame 中会有各种事件，有些是 Pygame 预先定义的事件，如键盘按下、鼠标点击、窗口关闭等。此外，我们也可以自己定义事件，称之为用户自定义事件。

❋ 掌握如何在 Pygame 中定义一个用户自定义事件。

事件名称 = pygame.USER_EVENT + 编号

❋ 掌握如何通过 time 模块的定时器功能触发用户自定义事件。

pygame.time.set_timer(事件名称 , 间隔时间)

间隔时间的单位为毫秒。

☀ 掌握在 while 循环内的事件处理程序代码中捕捉用户自定义事件，并执行相应的代码。

16.3 课后练习、探索和创新

1．在 practice16.py 中重写本课涉及的代码。

2．修改一下 set_timer 中的时间间隔参数，使得每隔 0.5 秒出现一只怪兽，或者每隔 3 秒出现一只怪兽。

3．修改一下事件处理部分的代码，使得当 enemy_event 被触发时每次出现两只怪兽。

第⑰课
类和对象：让子弹飞

现在怪兽已经源源不断地撞向地球，而我们的"地球卫士"——待在屏幕下方的战机"坦迪"却还只能左右摇晃，面对这些怪兽毫无还手之力。

从这节课开始，我们就要赋予"坦迪"一些战斗力了。是不是很期待呢？

17.1　实验场：战机出击，子弹出膛

在这一课的实验场，我们的任务是实现战机发射子弹的功能。具体来说，就是当你每次按下键盘上的空格键（Space），战机就向上发射一颗子弹。

想想看，我们该怎么实现这个功能呢？

其实，要实现这个功能所需要的编程技巧我们前面都学习过了，主要包括类、对象和键盘事件。我们只要把这些学过的知识综合利用起来就能实现。

设计思路如下。

1．给子弹定义一个类。

● 属性：子弹的图片、子弹的 X 轴和 Y 轴位置、子弹的移动速度。

● 方法：向上移动并在屏幕中呈现。

2．捕获键盘事件，如果空格键被按下就创建一个子弹对象。

代码实现如下。

我们创建一个新的程序文件 lesson17.1.py，将程序代码从上一课的内容中完整地复制过来。

1．创建子弹类。

在怪兽类的程序下方，键入如下代码构建子弹类：

```
class Bullet:
    def __init__(self):
        self.img = pygame.image.load('images/bullet.png')
        self.x = player_x + 24
        self.y = 500
```

```
            self.y_step = -3

        def move(self):
            screen.blit(self.img, (self.x, self.y))
            self.y += self.y_step
```

这段代码构建了一个名为 Bullet 的类。

代码解析如下。

在 __init__() 方法中，我们定义了子弹的图片、X 轴位置、Y 轴位置和纵向移动的速度。

● 我们使用 images 目录下的 bullet.png 图片文件作为子弹的图片。

● self.x = player_x + 24 这行代码定义了子弹的 X 轴位置。

我们知道 Player_x 代表战机的 X 轴位置，子弹是从战机的位置发射的，它们的 X 轴位置不是应该一样吗？为什么这里要加上 24 呢？

需要注意，player_x 其实是战机最左侧边缘的 X 轴，因此为了让子弹从战机的中部位置发射，需要加上战机横向宽度的一半，大约 24 像素，如图 17-1 所示。

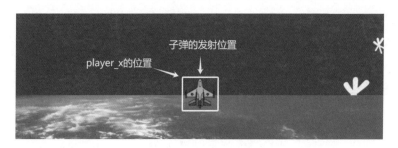

图 17-1

● self.y = 500 定义了子弹初始的纵向位置。

● self.y_step = -3 定义子弹纵向的移动速度，负数说明子弹是向上飞的。

在 move() 方法中实现以下两个功能：

● 在屏幕中呈现子弹的图片。

● 子弹向上移动。

2. 创建一个用以存放子弹对象的列表：

```
bullets = []
```

这行代码可以放在怪兽列表的下面，如图 17-2 所示。

```
# 怪兽生成事件
enemy_event = pygame.USEREVENT + 1
pygame.time.set_timer(enemy_event, 1000)
# 怪兽和子弹的对象列表初始化
enemies = []
bullets = []          ←——— 新增一行代码
```

图 17-2

3．在键盘事件的处理代码中，实现新建子弹对象的功能：

```
if event.key == pygame.K_SPACE:
    bullets.append(Bullet())
```

这段代码在程序中的位置如图 17-3 所示。

```
for event in pygame.event.get():
    if event.type == pygame.QUIT:
        pygame.quit()
        sys.exit()
    if event.type == enemy_event:
        enemies.append(Enemy(enemy_size()))
    if event.type == pygame.KEYDOWN:
        if event.key == pygame.K_RIGHT:
            player_step = 2
        if event.key == pygame.K_LEFT:
            player_step = -2
        # 空格键创建一颗子弹
        if event.key == pygame.K_SPACE:        ←——— 新增的代码
            bullets.append(Bullet())
```

图 17-3

代码解析如下。

pygame.K_SPACE 代表空格键。如果空格键被按下，则执行 bullets. append(Bullet()) 这行代码，这行代码的作用是创建一个子弹对象，并将其添加到 bullets 列表中。

现在我们可以运行程序，效果如图 17-4 所示。

发射的子弹

图 17-4

17.2　知识小结和拓展

❋ 加强对类和对象概念的理解。

❋ 进一步理解类和对象在程序设计中的丰富应用。

❋ 加强对类中属性和方法的概念理解。

❋ 掌握结合键盘事件实现对象创建、属性更改和方法调用等综合的编程技巧。

Pygame 中常用的键盘常量代码参考如下。

◆ 向上：pygame. K_UP。

◆ 向下：pygame. K_DOWN。

◆ 向左：pygame. K_LEFT。

◆ 向右：pygame. K_RIGHT。

◆ 空格：pygame. K_SPACE。

◆ 字母：pygame. K_A（其他字母以此类推）。

◆ 数字：pygame.K_1（其他数字以此类推）。

17.3　课后练习、探索和创新

1. 新建代码文件 practice17.py，针对本课的内容重写代码。

2. 尝试更改使用数字键"1"来发射子弹。

3. 尝试更改子弹的发射速度，将其更改为 -5 试试效果。

第18课
碰撞检测：一颗子弹消灭一只怪兽

通过前面课程的学习，子弹已经一颗颗从战机出膛，可是它们却对逼近地球的怪兽视而不见。这是为什么呢？

这当然是因为我们还没有赋予子弹消灭怪兽的能力啊！别急，接下来我们就做这件事。

想想看，我们怎样才能实现子弹消灭怪兽的功能呢？

要实现此功能，简单来说就是要对子弹和怪兽之间的距离进行计算，如果子弹和怪兽之间的距离小于某个设定的数值，就意味着子弹撞上了怪兽，那么我们只要将这颗子弹和这只怪兽从对应的对象列表中清除即可。

因此，我们需要实现以下两个功能：

1. 编写一个可以计算两点之间距离的函数。

2. 使用上述函数计算子弹和怪兽之间的距离，如果距离小于我们指定的数值，则在子弹和怪兽列表中清除它们。

18.1 实验场：计算两点之间的距离

我们首先实现计算两个对象之间距离的函数。

设计思路如下。

图 18-1 是子弹和怪兽之间的位置和距离示意图，从中可以看到怪兽和子弹间的横向直线、纵向直线以及两个对象之间的连线构成了一个直角三角形，那么按照直角三角形斜边的长度计算公式就可以计算出两点之间的距离了。

注：这里会用到直角三角形的斜边长度计算公式，如果你还没学过，则可以直接略过这部分内容，把函数的程序代码照抄一遍即可。你只要理解，这个函数的作用就是计算两个对象之间的距离。

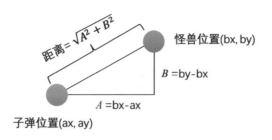

图 18-1

代码实现如下。

1. 在导入模块的代码下方，添加一行代码，导入 math 模块：

```
import math
```

2. 在 while 循环之外的任意位置定义计算两点之间距离的函数：

```
def distance(bx, by, ex, ey):
    a = bx - ex
    b = by - ey
    return math.sqrt(a * a + b * b)
```

代码解析如下。

● 函数的名称为 distance。

● 函数有四个参数，分别代表子弹的 X 轴位置、子弹的 Y 轴位置、怪兽的 X 轴位置和怪兽的 Y 轴位置。

```
a = bx - ex
```

计算两点之间的横向距离。

```
b = by - ey
```

计算两点之间的纵向距离。

```
math.sqrt(a * a + b * b)
```

最终计算出两点之间的距离值。其中，math.sqrt() 是 math 模块中的开方函数，它实现的功能就是计算 $\sqrt{a^2 + b^2}$ 的值。

● return 是 python 的关键字，它向函数返回计算的结果。

18.2 实验场：碰撞检测和对象移除

在上个实验中，计算两个对象之间距离的函数已经完成了。现在我们可以在程序中使用该函数来检测两个对象之间是否发生了碰撞，并进一步将对象从对象列表中清除。

设计思路如下。

在游戏的 while 循环中会调用子弹对象的 move() 方法，因此我们可以把子弹和怪兽之间的距离检测放在该方法中。

1．使用 for 开头的计数循环，检测本子弹和各怪兽之间的距离。

2．如果子弹和怪兽之间的距离小于 30，则清除子弹对象和怪兽对象。这样这颗子弹和这只怪兽将不会再被显示到游戏界面上。

3．另外，如果一颗子弹飞出了屏幕上方的界面，我们也要把这颗子弹从子弹的列表中清除，以节省计算机的运算资源。

代码实现如下。

```
# 和怪兽的碰撞检测
for enemy in enemies:
    if distance(self.x, self.y, enemy.x, enemy.y) < 30:
        bullets.remove(self)
        enemies.remove(enemy)
# 如果子弹超出屏幕上方界面，则在列表中移除子弹
if self.y < -20:
    bullets.remove(self)
```

这部分代码需要写在 Bullet 类的 move() 方法中，具体位置如图 18-2 所示。

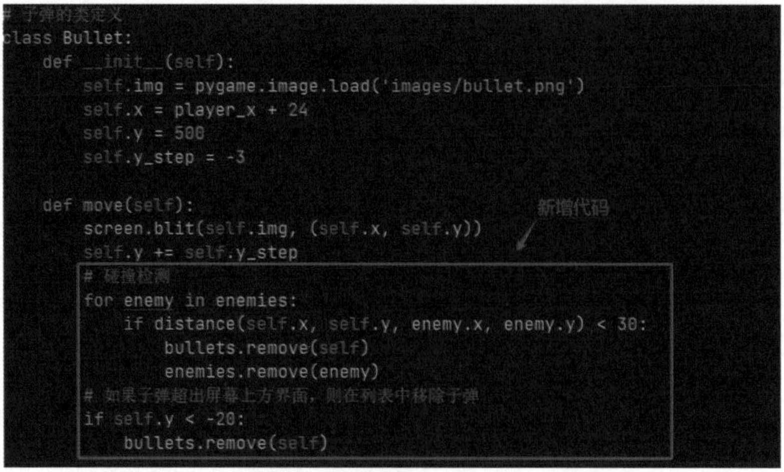

图 18-2

代码解析如下。

● 以 for 开头的计数循环对 enemies 这个列表中的所有怪兽进行遍历。

● if distance(self.x, self.y, enemy.x, enemy.y) < 30 这段代码对子弹和怪兽之间的距离进行检测，如果检测到距离小于 30，则执行 if 语句内的两行代码。

● bullets.remove(self) 是将自己（当前这颗子弹对象）从 bullets 列表中移除。

● enemies.remove(enemy) 是将当前检测的怪兽对象从 enemies 列表中移除。

```
if self.y < -20:
    bullets.remove(self)
```

这段代码将超出屏幕界面上方的子弹对象从 bullets 列表中移除。

现在我们可以运行一下程序，看看实现的效果。是不是当子弹靠近怪兽的时候，子弹和怪兽都消失不见了呢？这看起来像不像怪兽被子弹消灭了呢？

18.3　知识小结和拓展

✳ 以本课的 distance() 为例，充分理解并掌握自定义函数的实际应用。

✳ 掌握列表的以下常用方法。

◆ list.append(x)：将 x 追加至列表 list 的尾部。

◆ list.remove(x)：在列表 list 中删除第一个值为 x 的元素。

◆ list.insert(index, x)：在列表 list 的 index 位置处插入 x。

◆ list.pop(index)：删除并返回列表 list 中下标为 index 的元素。

✳ pygame 中有内置的 Sprite 类（精灵类），可以用来更快地实现诸如子弹和怪兽的类的定义。Sprite 类中有碰撞检测的方法可以直接使用。如果你学有余力且有兴趣的话，可以在网上查找一些相关知识进行学习。

知识加油站

看动画 学编程

在微信公众号"黄爸爸教编程"中输入"距离"，或者使用手机扫码观看视频，进一步理解距离的计算。

微信

B 站

18.4　课后练习、探索和创新

1．新建 practice18.py 并重写本课代码。

2．在本课中我们使用 30 像素的距离作为两个对象之间碰撞的临界值，你可以尝试更大或者更小的数值试试效果。

3．在本课的实验内容中，我们使用怪兽和子弹的 X 轴和 Y 轴的位置进行碰撞检测，但实际上 X 轴和 Y 轴是指对象最左上角位置的坐标，因此碰撞检测的结果可能会有偏差。为了让碰撞检测更加精准，你能调整一下程序，使用两个对象的中心点位置进行碰撞检测吗？

4．试着调整一下程序，让子弹消灭怪兽后可以继续飞行并消灭碰撞到的所有怪兽。

第⑲课
程序测试：消灭一只臭虫 (bug)

经过前面的设计和程序编写，我们这个游戏程序有了雏形，怪兽会源源不断地出现，你也可以通过战机发射子弹消灭它们了。是不是很有成就感呢？

在软件的开发过程中，我们也需要阶段性地对程序进行测试。在测试过程中发现的程序缺陷我们称之为 bug（英文是臭虫的意思）。发现 bug 之后我们要对问题进行定位、排查和修正。

我们这节课就来学习软件测试和 bug 修复。

19.1　实验场：软件功能测试

专业的程序开发团队会有专门的测试人员，会用到各种专业软件测试工具。软件测试按阶段分为单元测试、集成测试、用户测试等。测试前也需要准备好测试的"脚本"，就是要写清楚测试哪些内容，并在测试的过程中记录测试结果。

对以上这些专业的软件测试理论和实践，我们现在只要做个简单了解即可。我们开发的程序远没有那么复杂，只需要对它做一些简单的测试即可。

根据我们的设计，运行程序并检查和测试以下内容：

1．是否每隔一秒钟会出现一只怪兽。

2．怪兽出现的位置、图片和移动速度是否是随机的，且在设定范围内。

3．是否大约每间隔几只怪兽会有一只大脸怪出现。

4．战机是否可以在左右键的控制下左右移动，其他键无法控制战机。

5．战机不会移出左右边界。

6．按下键盘上的空格键可以正常发射出子弹，其他键无法发射子弹。

7．子弹是向上飞行的，子弹飞行的速度是否是我们设定的值（比怪兽的移动速度要快）。

8．子弹遇到怪兽的情况下，是否正常消灭了怪兽，子弹也消失了。

你们是否在测试的过程中发现了 bug ？而我则是在第 8 项的测试中发现了一个 bug。

我发现在很多怪兽聚集在一起的时候，如果发射的子弹同时靠近 2 个以上的怪兽时，程序就会出错。

下面我们来一起重现这个 bug。

运行程序后，怪兽会接二连三地出现。这时候不要急着发射子弹，大约 1 分钟后开始使劲地发射子弹，程序可能就会报错中断了。

如果你的测试没有发现这个问题，那么你可以重新测试几次直到这个问题出现。

那么接下来我们就需要定位问题并分析原因了。

问题出现后，Python 会在控制台给我们留下错误的提示信息，如图 19-1 所示。

```
Traceback (most recent call last):
  File "C:\Program Files\JetBrains\PyCharm Community Edition 2023.1.3\plugins\python-ce\h
    coro = func()
  File "<input>", line 129, in <module>
  File "<input>", line 75, in move
ValueError: list.remove(x): x not in list
```

图 19-1

根据以上提示，我们知道问题来源于代码的第 129 行和第 75 行。

我们在代码文件中看到第 129 行的代码是 bullet.move()，如图 19-2 所示。

```
128        for bullet in bullets:
129            bullet.move()
```

图 19-2

这是调用 Bullet 类的 move() 方法，说明问题出在 move() 这个方法内。

我们再看一下第 75 行的代码，如图 19-3 所示。

```
69    def move(self):
70        screen.blit(self.img, (self.x, self.y))
71        self.y += self.y_step
72        # 碰撞检测
73        for enemy in enemies:
74            if distance(self.x, self.y, enemy.x, enemy.y) < 30:
75                bullets.remove(self)
76                enemies.remove(enemy)
```

图 19-3

可以看到这一行代码 bullets.remove(self) 是将当前这颗已经和怪兽碰撞的子

弹从 bullets 这个列表清单中移除。

这行代码有什么问题呢？

我们再看一下控制台的进一步提示信息："ValueError: list.remove(x): x not in list"。这给我们的提示信息是："当 Python 想要移除当前对象时，该对象不在清单中"。结合这行代码的意图我们就能明白，当 Python 想要在 bullets 清单中移除这颗子弹时，该子弹对象不在清单中。

为什么会出现这种情况呢？结合测试场景并仔细思考后我们应该就会明白，因为有可能同时会有 2 只以上的怪兽同时靠近了这颗子弹，那么根据计数循环的逻辑，bullets.remove(self) 就会被多次执行。而一旦执行过一次这条语句后，当前这颗子弹就已经从 bullets 列表中移除了，程序当然无法执行 remove(self) 指令了，因为 self 已经不存在了。

问题的来源定位明确了，原因也找到了，那么接下来我们要做的就是修复这个 bug。

我们可以参考"一颗子弹消灭一只怪兽"的设计依据，一旦检测到子弹撞上了某只怪兽，则清除这颗子弹的同时清除这只怪兽，不再检测这颗子弹是否撞上了其他怪兽。也就是说一旦检测到子弹撞上了怪兽，我们不再执行 for 循环中的后续循环了。在循环语句中实现这个功能很简单，只要加上一行 break 即可。

代码实现如下。

我们创建一个新的代码文件 lesson19.1.py，并将原代码从上一课的代码文件中复制过来。在执行完清除子弹和怪兽的两行代码后加上 break 语句，如图 19-4 所示。

```
def move(self):
    screen.blit(self.img, (self.x, self.y))
    self.y += self.y_step
    # 碰撞检测
    for enemy in enemies:
        if distance(self.x, self.y, enemy.x, enemy.y) < 30:
            bullets.remove(self)
            enemies.remove(enemy)
            break        ← 新增代码
```

图 19-4

注意：break 语句应该放在 if 语句内，确保和前面两行的缩进保持一致。

bug 修复确认：我们重新运行程序，按照"重现 bug"中描述的方法再次测试，试图重现之前出现的 bug。如果多次运行后 bug 不再出现，则可以确认 bug 已经修复。

19.2　知识小结和拓展

❋ 程序中的错误、缺陷被称为 bug。

❋ 为了减少程序 bug，程序员（或者专门的测试人员）需要对软件程序进行测试。

❋ 根据不同目的，有多种软件程序的测试类型。

◆ 功能测试：程序是否正常工作。

◆ 性能测试：程序的运行效率、性能是否达到预期。

◆ 安全测试：程序是否足够安全，可以抵御黑客攻击。

◆ 可靠性测试：程序长期运行是否稳定可靠。

◆ 回归测试：确定新修改的代码是否影响旧功能。

❋ 根据不同测试阶段，通常有以下几种测试。

◆ 单元测试：针对小的功能模块的单独测试。

◆ 集成测试：主要测试多个功能模块之间的衔接是否正常。

◆ 系统测试：对系统整体进行完整测试。

◆ 用户验收测试：由用户参与的带有验收性质的测试。

19.3　课后练习、探索和创新

对本课中发现的 bug，除了使用 break 语句中断循环的执行外，还有其他解决思路。新建一个 practice19.py 代码文件，从上一课中复制代码，并根据以下解决思路用代码实现问题的修复。

1. 子弹碰到怪兽后继续飞行，并能消灭所有碰撞到的怪兽。

2. 一颗子弹能消灭所有同时碰撞到的怪兽，然后子弹不再飞行，原地消失。

Python

修炼第③级：

游刃有余

级别目标： 完善、丰富游戏功能，让游戏更完整

完成第 2 级别的修炼，我们已经可以实现一个简单
的游戏了。怎么样，是不是有些小小的成就感了？
但是游戏还有些美中不足，比如游戏没有声效、没
有道具，也没有显示击杀怪兽的数量等。相信你还
会有很多自己的游戏创意吧？让我们一起在这个级
别的修炼里来实现吧。

完成本级修炼，你将掌握以下技能：

🔍 理解帧率的概念和应用

🔍 局部变量和全局变量的区别和应用

🔍 文本的处理以及文本和变量结合的使用方法

🔍 类和对象的属性高级应用

🔍 在游戏中实现动态效果

🔍 理解逻辑运算的概念

🔍 掌握 time 模块的主要功能和应用

🔍 游戏程序的完善和优化

第⑳课
帧率：调整游戏运行的流畅度

帧率（FPS）也称刷新率，英文全称是 frame per second，是指在运行动画的时候每秒钟刷新画面的次数。帧率越高，画面就越流畅，但会占用更多的计算机资源；相反，帧率越低，画面就会越卡顿。游戏画面的帧率一般会控制在 30 至 75 之间。假如我们将游戏画面的帧率设置为 60，则意味着在 1 秒钟的时间内游戏的界面会被刷新 60 次。在我们的游戏场景中，如果将帧率设置为 60，则意味着战机、怪兽和子弹等动画元素都会在 1 秒钟这样短暂的时间内进行 60 次微小的移动。

在今天的课程中，我们将尝试给游戏程序加上帧率的设置，确保游戏运行流畅的同时不会过多地消耗计算机资源。

20.1　实验场：设置游戏的帧率

功能要求和描述：将游戏界面的帧率设置为 60。

设计思路如下。

应用 Clock 类的 tick() 方法即可实现。

代码实现如下。

创建一个新的代码文件 lesson20.1.py，将代码从上一课中完整地复制过来。

在 while 循环语句前面加上一行代码：

```
clock = pygame.time.Clock()
```

这行代码是基于 pygame 的 time 子模块中 Clock 类创建一个时钟对象。

在 while 循环的第一行添加如下代码：

```
clock.tick(60)
```

这行代码将游戏的帧率设置为 60。可以简单地理解为在 1 秒钟时间内控制 while 循环的次数不超过 60 次。

添加代码的位置如图 20-1 所示。

```
# 定义战机X轴初始位置和战机的位移变量
player_x = 370
player_step = 0

# 引入Clock类，控制游戏运行帧率
clock = pygame.time.Clock()

# 使用条件循环，让下面程序一直重复执行
while True:
    clock.tick(60)
    # 实现游戏程序的退出
    for event in pygame.event.get():
        if event.type == pygame.QUIT:
            pygame.quit()
            sys.exit()
```

添加了这两行代码

图 20-1

现在我们可以重新运行程序看看效果。我们观察到游戏中的对象运行速度应该会有不同程度的下降。这是因为在此之前，程序不受任何限制地运行 while 循环，但是现在我们给它加上了速度控制。

为了更好地理解帧率控制起到的作用，我们可以把以上代码中的 60 调整为 10，再重新运行程序看看效果。怎么样，游戏运行的速度是否不堪忍受了？现在再把帧率调整回 60，因为 60 一般是一个比较合理的帧率值。

使用帧率控制有什么好处？不使用帧率的情况下，游戏的运行速度会因计算机而异。如果你的电脑配置很好，那么游戏就会运行很快；如果你的电脑配置很差，游戏就会运行得很慢。而一旦我们给游戏程序设置了帧率，那么不管在哪台电脑上运行该程序，游戏的运行速度都会保持一致，不管是怪兽还是子弹都会按照我们设定的速度在游戏画面中移动。

现在我们可以在 60 帧率的设置下，调整一下游戏中各种角色的移动速度了。

例如，我们发现怪兽 Y 轴方向的移动速度稍稍有些慢了，可以将 Enemy.__init__() 方法内的这行代码：

self.y_step = random.choice((0.05, 0.1, 0.15))

调整为：

self.y_step = random.choice((0.05, 0.1, 0.15, 0.2, 0.3))

另外，子弹的 Y 轴方向的移动速度也可以稍稍加快一些，可以将 Bullet.__init__() 方法内的这行代码：

self.y_step = -3

调整为：

self.y_step = -5

20.2 知识小结和拓展

※ 理解帧率的概念。

帧率（FPS）也称刷新率，英文全称是 frame per second，是指在运行动画的时候每秒钟刷新画面的次数。

※ 掌握在 pygame 中控制帧率的方法。

使用 pygame.time.Clock 的 tick() 方法可以实现帧率的控制。

tick 方法内的参数就是你要设置的帧率。

知识加油站

看动画 学编程

在微信公众号"黄爸爸教编程"中输入"帧率"，或者使用手机扫码观看视频，进一步理解帧率。

微信

B 站

20.3 课后练习、探索和创新

重写本课相关代码，在程序中实现对帧率的控制。

第21课 游戏终止：怪兽入侵成功了

现在游戏还有一个问题，就是没有被子弹击落的残余怪兽成功入侵到地球后游戏仍然不会结束，这节课我们来解决这个问题。

21.1 实验场：怪兽成功入侵地球，游戏结束

功能要求和描述：只要有任何一只怪兽到达地球，则游戏结束运行。

设计思路如下。

1. 定义一个表示程序"运行状态"的变量：running，默认值为 True。

2. 怪兽位置检测：如果检测到怪兽到达 Y 轴 480 的位置（地球的 Y 轴坐标），则标记 running 为 False。

3. 在 while 循环内，增加一个条件判断：如果 running 为 False，则不再运行一切和游戏运行相关的程序，包括不再新增怪兽、不再发射子弹、不再接收键盘指令等。

但要确保程序窗口可以随时关闭。

代码实现如下。

1. 定义变量 running，赋值为 True，如图 21-1 所示。

```
# 引入Clock类，控制游戏运行帧率
clock = pygame.time.Clock()

# 游戏运行状态
running = True
# 使用条件循环，让下面程序一直重复执行
while True:
    clock.tick(60)
```

图 21-1

2. 怪兽位置检测：如果检测到怪兽到达 Y 轴 480 的位置（地球的 Y 轴坐标），则标记 running 为 False。

怪兽的移动是在 Enemy 类的 move() 方法中实现的，因此我们可以把这个功能写在这里，如图 21-2 所示。

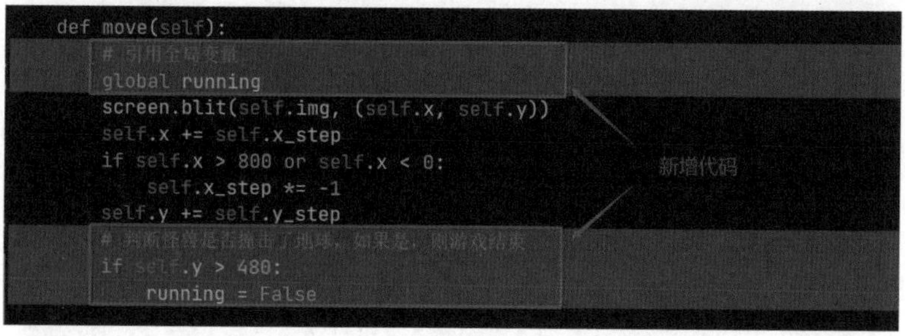

图 21-2

代码解析如下。

global running

英文单词"global"是"全球、全局"的含义，它是 python 的关键字，用以声明后面的变量是一个全局变量。

Python 的变量分局部变量和全局变量两种。我们可以这样简单地理解：局部变量仅在函数或者方法的内部使用；而全局变量可以在整个程序中使用。

我们要在 move() 方法内使用一个方法外的变量，则可以在该变量前面加上 global 关键字。

在 move() 方法的最后对怪兽的位置进行判断，如果 Y 轴坐标大于 480，则给 running 赋值为 False。

if self.y > 480:
    running = False

完成这些代码，我们就可以通过 running 这个变量来判断怪兽是否入侵成功了。

如果 running 的值为 True，说明程序正常运行；如果 running 的值为 False，则说明怪兽入侵成功，游戏结束。

3. 接下来我们需要修改 while 循环内的代码，确保怪兽新增、子弹发射等行为均在 running 的状态为 True 时才会被执行。

这可以通过在之前的相关代码前加上 if 判断语句来实现，如图 21-3、图 21-4 所示。

```
while True:
    clock.tick(60)
    # 实现游戏程序的退出
    for event in pygame.event.get():      在这段代码的前面加上 if 判断语句，确保
        if event.type == pygame.QUIT:      只有在 running 的值为 True 时才会执行
            pygame.quit()
            sys.exit()
        if running:
            if event.type == enemy_event:
                enemies.append(Enemy(enemy_size()))
            if event.type == pygame.KEYDOWN:
                if event.key == pygame.K_RIGHT:
                    player_step = 2
                if event.key == pygame.K_LEFT:
                    player_step = -2
                # 空格键创建一颗子弹
                if event.key == pygame.K_SPACE:
                    bullets.append(Bullet())
```

图 21-3

```
if running:
    player_x += player_step
    if player_x > 765 or player_x < -30:
        player_step = 0
    # 显示游戏的背景图片
    screen.blit(background, (0, -200))
    # 显示地球、怪兽和战斗机的图片
    screen.blit(earth, (0, 500))
    # 怪兽在游戏界面上显示并移动
    for enemy in enemies:
        enemy.move()
    # 怪兽在游戏界面上显示并移动
    for bullet in bullets:
        bullet.move()
    screen.blit(player, (player_x, 480))
    # 在游戏屏幕中把变化的图像展示出来
    pygame.display.update()
```
在这部分的代码前面加上 if 判断语句，确保它们在 running 的值为 True 时才会执行

图 21-4

以下为 while 循环内的完整代码：

```
while True:
    clock.tick(60)
    # 实现游戏程序的退出
    for event in pygame.event.get():
        if event.type == pygame.QUIT:
            pygame.quit()
            sys.exit()
        if running:
            if event.type == enemy_event:
                enemies.append(Enemy(enemy_size()))
            if event.type == pygame.KEYDOWN:
```

```
            if event.key == pygame.K_RIGHT:
                player_step = 2
            if event.key == pygame.K_LEFT:
                player_step = -2
            # 空格键创建一颗子弹
            if event.key == pygame.K_SPACE:
                    bullets.append(Bullet())
    if running:
        player_x += player_step
        if player_x > 765 or player_x < -30:
            player_step = 0
        # 显示游戏的背景图片
        screen.blit(background, (0, -200))
        # 显示地球、怪兽和战斗机的图片
        screen.blit(earth, (0, 500))
        # 怪兽在游戏界面上显示并移动
        for enemy in enemies:
            enemy.move()
        # 怪兽在游戏界面上显示并移动
        for bullet in bullets:
            bullet.move()
        screen.blit(player, (player_x, 480))
        # 在游戏屏幕中把变化的图像展示出来
        pygame.display.update()
```

现在我们运行程序，故意放一些怪兽过来到达地球。可以发现，在任何一只怪兽到达地球的时候，游戏程序就会终止。

21.2 知识小结和拓展

✤ 理解局部变量和全局变量的概念。

◆ 全局变量：在函数外部声明的变量。全局变量具有全局范围，这意味着可以在整个程序中访问它们，包括在函数中。

◆ 局部变量：在函数内部声明的变量，只能在声明它们的函数中对其访问。

◆ 使用 global 声明全局变量：通常，不能在函数之外使用局部变量。但是，我们可以使用 global 关键字在函数中创建全局变量。

◆ 程序中的局部变量和全局变量可以使用相同的变量名。在这种情况下，局部变量将在局部范围内起作用，全局变量将在全局范围内起作用。

✳ running 在本课中是一个逻辑类型的变量，它的值为 True 或者 False，可以直接在 if 语句后面作为判断条件使用。

21.3　课后练习、探索和创新

1. 创建 practice21.py 代码文件，从上一课中复制代码并重写本课的代码内容。

2. 在事件处理的 for 循环内，如果将以下代码的 "if running："这一行代码放到最前面，会出现什么问题呢？在 practice21.py 中试着运行一下，检查会出现的问题，并解释原因。

```
if running:
    if event.type == pygame.QUIT:
        pygame.quit()
        sys.exit()
    if event.type == enemy_event:
        enemies.append(Enemy(enemy_size()))
    if event.type == pygame.KEYDOWN:
        if event.key == pygame.K_RIGHT:
            player_step = 2
        if event.key == pygame.K_LEFT:
            player_step = -2
        # 空格键创建一颗子弹
        if event.key == pygame.K_SPACE:
            bullets.append(Bullet())
```

第22课
设计游戏结束画面

在上一课中，怪兽入侵地球成功后游戏就会终止，但是一般游戏结束时都会有一个结束画面，画面中会提示用户游戏已经结束了。

这一课我们就来实现这个功能。

22.1 实验场：在游戏结束界面显示"GAME OVER"

功能要求和描述：设计一个结束画面，画面中包含以下元素。

1．在游戏相同位置显示太空背景和地球（不再显示战机、怪兽等游戏元素）。

2．在画面中间显示文字，提示游戏结束。

设计思路如下。

当游戏结束时，running 的值为 False，所以我们只要在"if running:"的语句后面添加 else 代码块，这部分的代码块用来执行 running 的值为 False 的情况。在新增的代码块中使用 blit() 方法呈现太空、地球和要显示的文字图片即可。

代码实现如下。

在最后的"if running:"语句后面添加 else 代码块，如图 22-1 所示。

```python
    # 怪兽在游戏界面上显示并移动
    for enemy in enemies:
        enemy.move()
    # 怪兽在游戏界面上显示并移动
    for bullet in bullets:
        bullet.move()
    screen.blit(player, (player_x, 480))          添加的新代码
    # 在游戏屏幕中把变化的图像展示出来
    pygame.display.update()
else:
    font_game_over = pygame.font.SysFont('simhei', 48)
    text_game_over = font_game_over.render('怪兽入侵成功,GAME OVER!', True,
                                           (0, 255, 0))
    # 显示游戏的背景图片
    screen.blit(background, (0, -200))
    screen.blit(earth, (0, 500))
    # 显示"Game Over"
    screen.blit(text_game_over, (150, 250))
    pygame.display.update()
```

图 22-1

运行程序，效果如图 22-2 所示。

图 22-2

可以看到，除了背景图片外，在游戏画面的中间出现了游戏结束的提示文字。
代码解析如下。

这部分的代码中，blit() 方法大家已经比较熟悉了。我们主要来看一下和提示文字相关的代码。

```
font_game_over = pygame.font.SysFont('simhei', 48)
```

英文单词"font"是"字体"的意思。这行代码基于 pygame 的 font 子模块的 SysFont() 方法创建一个字体对象。参数中，"simhei"是"黑体"的意思，48代表字体的大小。这行代码运行完成后，程序就会创建一个名为 font_game_over 的字体对象，字体为 48 像素大小的黑体字。

```
text_game_over = font_game_over.render(' 怪兽入侵成功 ,GAME OVER!', True,(0, 255, 0))
```

英文单词"render"是"渲染"的意思。这行代码基于 font_game_over 的字体对象，应用其 render() 方法渲染一个名为 text_game_over 的 surface 对象，可以理解为这是一张带文字的图片，文字内容为"怪兽入侵成功，GAME OVER!"。
render() 方法内有以下 3 个参数。

● 第一个参数：要显示的文字内容。

● 第二个参数：表示是否抗锯齿，即是否对字体的边缘做圆滑处理。

● 第三个参数：字体的颜色，(0,255,0) 代表绿色。

```
screen.blit(text_game_over, (150, 250))
```

这行代码使用 blit() 方法将文字在 (150,250) 位置显示出来。

22.2 知识小结和拓展

❋ 掌握在 pygame 中的文字处理技巧，一般需要以下几个步骤。

◆ 使用 pygame.font.SysFont 类，创建一个字体对象，这里需要指定字体类型和字体大小。

◆ 使用字体类的 render() 方法渲染一个带文字的 surface 对象，这里需要指定文字的文本内容、是否抗锯齿和字体的颜色。

◆ 使用 blit() 方法将渲染出来的 surface 对象呈现到屏幕的指定位置。

❋ 掌握颜色的相关知识。

屏幕上的每一个像素都可以有独立的颜色。任何颜色都可以由红、绿、蓝三种原色调和出来。因此，我们在 pygame 中也用 R（红色）、G（绿色）和 B（蓝色）三种原色来定义对象的颜色，其格式为（R, G, B）。其中，R、G、B 这三个参数的数值范围可以选择从 0 至 255 之间的任意整数，代表该颜色的亮度。常用的颜色如表 22-1 所示。

表 22-1

(R, G, B)	颜色
(255, 255, 255)	白色
(0, 0, 0)	黑色
(255, 0, 0)	红色
(0, 255, 0)	绿色
(0, 0, 255)	蓝色
(255, 255, 0)	黄色
(255, 0, 255)	紫色
(0, 255, 255)	青色

知识加油站

看动画 学编程

在微信公众号"黄爸爸教编程"中输入"颜色"，或者使用手机扫码观看视频，进一步学习颜色的知识。

微信

B 站

22.3　课后练习、探索和创新

1. 创建 practice22.py，从上一课中复制代码，并重写本课内容。
2. 结合本课文字和颜色的知识点，自行设计开发一个不同的游戏结束画面。

第㉓课
角色的动态特征：生命值

在我们之前的设计中，一颗子弹就能消灭一只怪兽，这似乎缺乏了一点挑战性。我们是否可以给怪兽设定生命值呢？比如我们可以设计让大脸怪拥有比较强的生命力，需要多次击中才能被消灭。

这节课我们来实现这个功能，让游戏更具挑战性和趣味性。

23.1 实验场：顽强的大脸怪

功能要求和描述：大脸怪有 3 生命值，小怪兽只有 1 生命值；一颗子弹可以消耗怪兽 1 生命值，如果怪兽的生命值耗尽，则怪兽被消灭。

设计思路如下。

1. 结合我们学过的类和对象的知识，可以将怪兽的生命值定义为怪兽类的一个新的属性。

2. 在新建怪兽对象时，根据怪兽的类型对其赋值不同的生命值。

3. 在子弹和怪兽的碰撞检测中，修改原来的逻辑，使得每次碰撞都将消耗怪兽 1 生命值。

4. 最后，如果发现怪兽的生命值为 0，则将其从怪兽列表中清除。

代码实现如下。

1. 在怪兽类的初始化 __init__() 方法中定义生命值属性 blood，并根据怪兽类型赋值不同的生命值，如图 23-1 所示。

2. 在 Bullet.move() 方法中，在子弹和怪兽的碰撞检测部分，按图 23-2 所示修改代码。

与之前的代码相比，在碰撞发生后我们不是直接将怪兽从怪兽列表中移除，而是每次撞击都扣除怪兽 1 生命值。当怪兽的生命值为 0 时，我们再将怪兽从列表中清除。

```python
# 定义怪兽的类
class Enemy:
    def __init__(self, size):
        self.type = size
        if self.type == 'big':
            self.img = big_enemy_img
            self.blood = 3
        else:
            self.img = random.choice(small_enemy_img)
            self.blood = 1
        self.x = random.randint(100, 700)
        self.y = random.randint(100, 300)
        self.x_step = random.choice((1, 0.75, 0.5, -0.5, -0.75, - 1))
        self.y_step = random.choice((0.05, 0.1, 0.15, 0.2, 0.3))
```
新增代码行

图 23-1

```python
def move(self):
    screen.blit(self.img, (self.x, self.y))
    self.y += self.y_step
    # 碰撞检测
    for enemy in enemies:
        if distance(self.x, self.y, enemy.x, enemy.y) < 30:
            bullets.remove(self)
            enemy.blood -= 1
            if enemy.blood == 0:
                enemies.remove(enemy)
            break
    # 如果子弹超出屏幕上方界面，则在列表中移除子弹
    if self.y < -20:
        bullets.remove(self)
```
修改代码

图 23-2

现在运行程序，检验一下我们设计的功能是否实现了。

23.2　知识小结和拓展

✳ 通过类和对象的属性来管理游戏中各种角色的动态特征，如生命值、攻击力等。

✳ 掌握角色动态特征的存储和增减的方法。

23.3　课后练习、探索和创新

1. 新建一个代码文件 practice23.py，重写本课代码。

2．修改一下程序，使得大脸怪有 5 生命值、小怪兽 3 生命值。

3．尝试给怪兽新增一个动态特征：体力。功能设计如下：

（1）怪兽体力的初始值为 3。

（2）怪兽在 Y 轴方向每移动 100 像素后，或者被子弹击中后，体力值都会下降 1。

（3）体力值每下降 1，怪兽在 Y 轴的移动速度就会下降 20%。

第24课
简单的动画特效：怪兽的惨状

现在大脸怪需要三颗子弹才能被消灭了，但是在前面两颗子弹击中怪兽的时候，怪兽似乎没有任何变化。如果大脸怪被子弹击中时脸会变黑，看到它很惨的样子应该很好玩吧。

这节课我们就来实现这个简单的动画特效。

24.1 实验场：大脸怪变成大黑脸

功能要求和描述：大脸怪被子弹击中后变成黑脸。

设计思路如下。

1. 我们可以通过怪兽的生命值判断怪兽是否被子弹击中过。

2. 如果怪兽被子弹击中过，我们可以使用一张大脸怪的黑脸图片代替原有图片。

代码实现如下。

1. 准备一张大脸怪的黑脸图片 enemy10_1.png，将其加载到游戏中备用，如图 24-1 所示。

```python
small_enemy_img = [pygame.image.load('images/enemy1.png'),
                   pygame.image.load('images/enemy2.png'),
                   pygame.image.load('images/enemy3.png'),
                   pygame.image.load('images/enemy4.png'),
                   pygame.image.load('images/enemy5.png'),
                   pygame.image.load('images/enemy6.png'),
                   pygame.image.load('images/enemy7.png'),
                   pygame.image.load('images/enemy8.png'),
                   pygame.image.load('images/enemy9.png')]
big_enemy_img = pygame.image.load('images/enemy10.png')          新增代码
big_enemy_img_gray = pygame.image.load('images/enemy10_1.png')
```

图 24-1

2. 因为子弹击中怪兽的逻辑处理是在 Bullet 类的 move() 方法中写的，因此我们就把大脸怪变脸的功能添加到这里，如图 24-2 所示。

```
# 子弹的类定义
class Bullet:
    def __init__(self):
        self.img = pygame.image.load('images/bullet.png')
        self.x = player_x + 32
        self.y = 500
        self.y_step = -5

    def move(self):
        screen.blit(self.img, (self.x, self.y))
        self.y += self.y_step
        # 碰撞检测
        for enemy in enemies:
            if distance(self.x, self.y, enemy.x, enemy.y) < 30:
                bullets.remove(self)
                enemy.blood -= 1
                if enemy.type == 'big' and enemy.blood < 3:
                    enemy.img = big_enemy_img_gray
                if enemy.blood == 0:
                    enemies.remove(enemy)          新增代码
                break
```

图 24-2

代码解析如下。

if enemy.type == 'big' and enemy.blood < 3:
    enemy.img = big_enemy_img_gray

if 判断语句中的"and"是 Python 的逻辑运算符，表示"且"的意思。enemy.type == 'big' 这部分判断是否为大脸怪；enemy.blood < 3 判断怪兽是否被击中过，如果怪兽的生命值小于 3，则说明怪兽肯定被击中过。

判断语句 enemy.type == 'big' and enemy.blood < 3 的意思是：如果怪兽为大脸怪且怪兽被击中过。如果条件满足的话，则执行 enemy.img = big_enemy_img_gray，怪兽就被换成大黑脸了。

现在运行一下程序，看看怪兽被子弹击中后是否如图 24-3 所示变成一张大黑脸了呢？看到它的惨状你是不是很开心呢？

图 24-3

24.2　知识小结和拓展

❀ 大脸怪的变脸实现的是游戏中一个简单的动画特效。

❀ Python 的逻辑运算符。

◆ and：且（两个条件都为 True 的情况下最终结果为 True）。

◆ or：或（两个条件中有一个条件为 True 的情况下最终结果为 True）。

◆ not：不是（如果条件为 True，则最终结果为 False；如果条件为 False，则最终结果为 True）。

24.3　课后练习、探索和创新

1. 新建一个代码文件 practice24.py，重写本课相关代码。

2. 设计并实现更复杂的大脸怪变脸效果：第一次被击中后变成灰脸，第二次被击中后变成黑脸。

第25课
复杂的动画特效：怪兽被击爆了

我们注意到怪兽被消灭后就直接消失了，为了营造战场的激烈氛围，能否让怪兽在被消灭后发生爆炸呢？看着战场硝烟弥漫的样子应该会很刺激吧！

这节课我们就来设计和实现这个功能。你可以自己先想想看，怎么才能在游戏程序中实现呢？

25.1 实验场：实现被消灭后的爆炸特效

功能要求和描述：怪兽被子弹消灭后在原位置发生爆炸。

设计思路如下。

1. 我们可以通过怪兽的生命值判断怪兽是否被消灭了。

2. 如果怪兽被消灭，先别急着把怪兽的对象从列表中清除，而是把它的图片变成一张爆炸的图片。

3. 使用一个定时器，如果怪兽的爆炸时间超过 0.5 秒，将怪兽从怪兽对象的列表中清除。

代码实现如下。

1. 准备一张爆炸照效果图片 exploding.png，将其加载到游戏中备用，如图 25-1 所示。

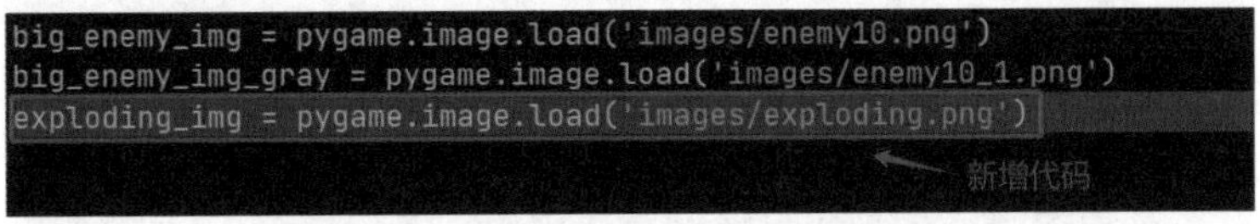

```
big_enemy_img = pygame.image.load('images/enemy10.png')
big_enemy_img_gray = pygame.image.load('images/enemy10_1.png')
exploding_img = pygame.image.load('images/exploding.png')
                                              ← 新增代码
```

图 25-1

2. 在怪兽类的定义中，新增怪兽的两个属性，如图 25-2 所示。

● exploded：爆炸状态，用以记录怪兽是否发生了爆炸。

● exploding_time：爆炸时间，用以记录爆炸发生的起始时间。

```
# 定义怪兽的类
class Enemy:
    def __init__(self, size):
        self.type = size
        if self.type == 'big':
            self.img = big_enemy_img
            self.blood = 3
        else:
            self.img = random.choice(small_enemy_img)
            self.blood = 1
        self.x = random.randint(100, 700)
        self.y = random.randint(100, 300)
        self.x_step = random.choice((1, 0.75, 0.5, -0.5, -0.75, -1))
        self.y_step = random.choice((0.05, 0.1, 0.15, 0.2, 0.3))
        self.exploded = False
        self.exploding_time = 0
```

图 25-2

3．接下来，我们要实现在怪兽被消灭后显示爆炸图片的功能了。如果怪兽的生命值为 0（代表怪兽被消灭），则需要做以下 3 件事情。

（1）将怪兽的图片更换为爆炸图片。

（2）将怪兽的 exploded 属性设置为 True，表示怪兽发生爆炸了。

（3）在 exploding_time 属性中记录这一时刻的时间，表示爆炸的起始时间。

这部分的代码处理要放在 Bullet 类的 move() 方法中，这是碰撞检测逻辑的延续，如图 25-3 所示。

```
for enemy in enemies:
    if distance(self.x, self.y, enemy.x, enemy.y) < 30:
        bullets.remove(self)
        enemy.blood -= 1
        if enemy.type == 'big' and enemy.blood < 3:
            enemy.img = big_enemy_img_gray
        if enemy.blood == 0 and enemy.exploded == False:
            enemy.exploded = True
            enemy.exploding_time = pygame.time.get_ticks()
            enemy.img = exploding_img
        break
    # 如果子弹超出屏幕上方界面，则在列表中移除子弹
    if self.y < -20:
        bullets.remove(self)
```

图 25-3

代码解析如下。

主要解释一下这行代码：

enemy.exploding_time = pygame.time.get_ticks()。

pygame.time.get_ticks() 方法的功能是以"毫秒"为单位获取当前游戏程序的时间戳。

举个例子，如果在游戏运行了 10 秒钟的时候运行 pygame.time.get_ticks()，就会返回数值 10000（10*1000）。

现在我们就可以理解这行代码了，它是将以毫秒为单位的时间戳记录在 exploding_time 的属性中。

4. 在爆炸发生 0.5 秒后，怪兽对象需要在怪兽对象的列表中被移除。这部分代码可以放在 Enemy 类的 move() 方法中实现，如图 25-4 所示。

```
def move(self):
    # 引用全局变量
    global running
    screen.blit(self.img, (self.x, self.y))
    self.x += self.x_step
    if self.x > 800 or self.x < 0:
        self.x_step *= -1
    self.y += self.y_step
    # 如果怪兽已经爆炸超过0.5秒，则从怪兽对象列表中移除
    if self.exploded and pygame.time.get_ticks() - self.exploding_time > 500:
        enemies.remove(self)
    # 判断怪兽是否撞击了地球，如果是，则游戏结束
    if self.y > 480:
        running = False
```

图 25-4

新增代码

代码解析如下。

这部分的代码难点主要是 if 语句中的判断条件：

pygame.time.get_ticks() - self.exploding_time

当爆炸发生时，我们第一时间将当时的时间戳记录在怪兽的 exploding_time 属性中，随着游戏时间的延续，如果当前最新的时间戳减去 exploding_time 中记录的时间戳大于 500 的话，就说明爆炸时间超过 500 毫秒（即 0.5 秒）了。

因此，这部分代码的整体逻辑是：如果怪兽已经爆炸，且爆炸时间超过 0.5 秒，则将怪兽移除。

最后，让我们一起看看程序的运行效果吧。如图 25-5 所示，注意观察怪兽被消灭后是否发生爆炸，爆炸的延续时间是否大概是 0.5 秒。

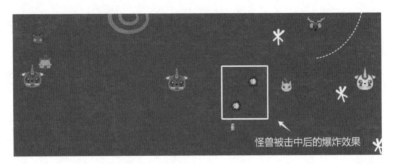

怪兽被击中后的爆炸效果

图 25-5

25.2　知识小结和拓展

❋ 掌握实现和时间相关的动画效果的技巧。

❋ 进一步了解 pygame.time 模块的功能。

◆ pygame.time.get_ticks()：获取以毫秒为单位的时间戳。

◆ pygame.time.wait()：暂停程序一段时间。

◆ pygame.time.set_timer()：在事件队列上重复创建一个事件。

◆ pygame.time.Clock()：创建一个对象来帮助跟踪时间。

25.3　课后练习、探索和创新

1. 创建新的代码文件 practice25.py，重写本课代码。

2. 自己从网上下载爆炸效果的动态帧图，如图 25-6 所示，应用从本课学到的时间戳知识，实现一个更加逼真的爆炸特效。

图 25-6

第㉖课
游戏记分：看看我的成就

游戏中一般都会有分数记录，在游戏过程中可以动态显示游戏的得分。实时地看到游戏的分数可以让玩游戏的人觉得很有成就感。

这节课我们将开发这个功能，在游戏界面中显示游戏的分数。

26.1 实验场：显示游戏得分

功能要求和描述：在游戏界面的左下角动态地展示游戏的实时得分，并在游戏的结束画面显示游戏的最终得分。

设计思路如下。

1. 我们需要定义一个变量 score，用以记录游戏的实时分数。

2. 每次消灭怪兽，score 加 10。

3. 使用 pygame 的 font 模块渲染文字并在游戏界面的左下角展示分数。

代码实现如下。

1. 定义分数变量 score，如图 26-1 所示。

图 26-1

2. 每次消灭怪兽，就给 score 变量增加 10 分。这部分代码需要写在 Bullet 类的 move() 方法中，如图 26-2 所示。

代码解析如下。

因为 score 是全局变量，因此需要在 move() 方法内使用 global 关键字进行声明后才能使用。

3. 应用 pygame 的 font 模块相关功能,定义一个名为 bulletin_show() 的函数，如图 26-3 所示。

```
def move(self):
    global score
    screen.blit(self.img, (self.x, self.y))
    self.y += self.y_step
    # 碰撞检测
    for enemy in enemies:
        if distance(self.x, self.y, enemy.x, enemy.y) < 30:
            bullets.remove(self)
            enemy.blood -= 1
            if enemy.type == 'big' and enemy.blood < 3:    # 新增代码
                enemy.img = big_enemy_img_gray
            if enemy.blood == 0 and enemy.exploded == False:
                enemy.exploded = True
                enemy.exploding_time = pygame.time.get_ticks()
                enemy.img = exploding_img
            score += 10
            break
```

图 26-2

```
font_bulletin = pygame.font.SysFont('simhei', 32)    # 新增代码
# 定义函数，用以显示分数牌
def bulletin_show():
    score_text = f"分数:{score}"
    score_render = font_bulletin.render(score_text, True, (220, 220, 220))
    screen.blit(score_render, (10, 450))
```

图 26-3

代码解析如下。

font_bulletin = pygame.font.SysFont('simhei', 32)

这行代码创建了一个名为 font_bulletin 的 32 像素大小的黑体字体对象。

def bulletin_show():
　　score_text = f" 分数 :{score}"
　　score_render = font_bulletin.render(score_text, True, (220, 220, 220))
　　screen.blit(score_render, (10, 450))

这部分代码块定义了一个名为 bulletin.show() 的函数。

score_text 就是分数牌要显示的文字内容。在字符串的双引号前添加一个字母 "f"，同时在字符串中使用 {} 插入一个变量。如果 score 这个变量的值为 10，则 f" 分数 :{score}" 的最终显示效果将是 "分数 : 10"。

score_render 和 blit() 方法之前我们都学习过了，这里不再赘述。

4. 在 while 循环中调用 bulletin_show()，执行函数中的代码块，最终实现文字在屏幕上的展示，如图 26-4 所示。

图 26-4

5. 在游戏结束的画面中，显示游戏的最终得分，如图 26-5 所示。

```
else:
    font_game_over = pygame.font.SysFont('simhei', 48)
    text_game_over = font_game_over.render('怪兽入侵成功, GAME OVER!', True, (0,
    text_game_score = font_game_over.render(f'游戏总分: {score}', True,
                                            (220, 220, 220))
    # 显示游戏的背景图片
    screen.blit(background, (0, -200))
    screen.blit(earth, (0, 500))                     ← 新增代码
    # 显示"Game Over"
    screen.blit(text_game_over, (150, 250))
    screen.blit(text_game_score, (250, 380))
    pygame.display.update()
```

图 26-5

现在我们运行游戏程序看看效果，注意观察以下两点：

1. 在游戏程序的左下方显示游戏的实时分数，如图 26-6 所示。

图 26-6

2. 在游戏的结束画面，可以看到游戏的最终得分，如图 26-7 所示。

图 26-7

26.2 知识小结和拓展

本课内容为之前所学知识的综合运用，无新增知识点。

26.3 课后练习、探索和创新

1．新建代码文件 practice26.py，重写本课代码。

2．尝试改变得分规则：只要击中怪兽即可获得 10 分。想想看，这和消灭怪兽才能得分有什么区别？代码怎么改？

3．在游戏中新增一个公告牌，实时显示击杀怪兽的数量。

PYTHON
修炼第④级：
炉火纯青

级别目标： 综合运用知识提升游戏的趣味性和挑战性

完成第 3 级别的修炼，我们的游戏已经比较完善了。但你是不是还有很多创意想要在游戏中实现呢？例如，是否可以设计一些游戏的装备、添加背景音乐和声效、设置不断升级的挑战等。从这个级别开始，你可以打开想象的翅膀，综合运用学到的知识来提升游戏的趣味性和挑战性。

完成本级修炼，你将掌握以下技能：

- 🔍 综合应用所学知识，设计并实现不同类型的游戏装备
- 🔍 掌握 mixer 模块的核心功能，设计并实现游戏的音效
- 🔍 综合运用所学知识，设计并实现游戏难度级别的控制
- 🔍 掌握本地文件的读和写
- 🔍 掌握游戏程序的整体打包方法
- 🔍 激活你的想象力和创造力，实现更丰富的游戏场景和功能

第27课
游戏装备（1）：超级炸弹的公告牌

为了增加游戏的趣味性，很多游戏都会给玩家装备各种武器。这一课我们将试着给战机添加装备——超级炸弹。

我们可以这样构想超级炸弹：它威力无穷，发射一颗超级炸弹可以瞬间炸毁屏幕上出现的所有怪兽；但是超级炸弹也来之不易，每隔一段时间才会有一颗超级炸弹作为补给被空投过来，我们需要用战机接住它。

27.1 实验场：font 模块的小秘密

前面"游戏记分"一课中，我们简单接触过 Pygame 的 font 子模块，创建了一个黑体的字体对象。其实 font 模块的功能非常强大，它几乎可以满足你对文字外观处理的全部需求。

在制作超级炸弹的公告牌之前，我们可以通过本实验更进一步地了解 pygame.font，以便更好地应用其功能。

1．打开一个新的 Pycharm 控制台，在控制台内输入以下代码：

```
import pygame
font_list = pygame.font.get_fonts()
```

2．在控制台旁边的"变量窗口"，我们用鼠标点开 font_list 查看其内容，可以发现一个长长的字体清单，这些就是我们在 Pygame 中可以直接使用的字体代号，如图 27-1 所示。

在"知识小结和拓展"小节可以查看常用的中文字体和 Pygame 中的字体代码对照。

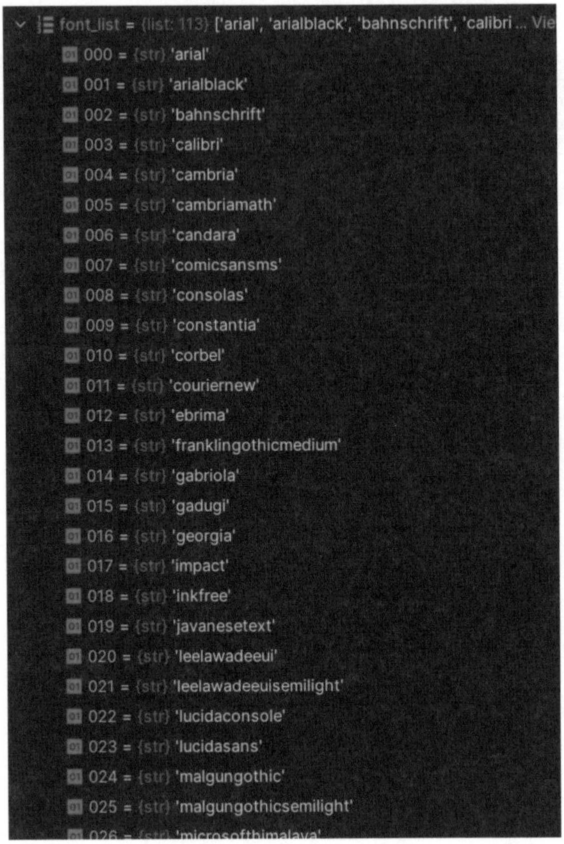

图 27-1

27.2 实验场：制作一个炸弹公告牌

功能要求和描述：在游戏界面的右下角显示一个炸弹的图片，并动态地显示战机拥有的超级炸弹数量。

设计思路如下。

这个功能和显示游戏得分的功能类似，唯一的区别是多了一张炸弹的图片。

1. 加载一张炸弹图片到程序中备用。

2. 在游戏界面的右下角显示炸弹图片。

3. 定义一个变量 boom_qty，用以记录炸弹装备的数量。

4. 在炸弹图片的右侧显示炸弹的数量。

代码实现如下。

1. 加载炸弹图片 boom_icon.png，定义炸弹的变量 boom_qty 并将其初始化为 0，如图 27-2 所示。

```
big_enemy_img = pygame.image.load('images/enemy10.png')
big_enemy_img_gray = pygame.image.load('images/enemy10_1.png')
exploding_img = pygame.image.load('images/exploding.png')
# 加载炸弹公告牌的图片
boom_icon_img = pygame.image.load('images/boom_icon.png')

# 初始化游戏分数和炸弹装备数量
score = 0                                    新增代码
boom_qty = 0
```

图 27-2

2. 更改公告牌的字体为自己喜欢的字体，这里修改为"新宋体"，其字体代号为"NsimSun"，如图 27-3 所示。

```
                                           更改代码
font_bulletin = pygame.font.SysFont('NSimSun', 32)
```

图 27-3

运行程序后，可以观察一下字体的样式，如果不喜欢，可以更改为其他字体。

3. 因为显示装备公告牌的功能和显示分数的功能非常相似，我们把文本、字体和显示的一系列功能都放在分数牌的显示函数 bulletin_show() 中，如图 27-4 所示。

```
# 定义函数，用以显示分数牌
def bulletin_show():
    # 显示分数
    score_text = f"分数:{score}"
    score_render = font_bulletin.render(score_text, True, (220, 220, 220))
    screen.blit(score_render, (10, 450))              新增代码
    # 显示炸弹装备
    boom_text = f"数量:{boom_qty}"
    boom_render = font_bulletin.render(boom_text, True, (220, 220, 220))
    screen.blit(boom_render, (660, 540))
    screen.blit(boom_icon_img,(620,540))
```

图 27-4

代码解析如下。

boom_text = f" 数量 :{boom_qty}"

这行代码生成要显示的文字内容，其中包括 boom_qty 这个变量。

```
boom_render = font_bulletin.render(boom_text, True, (220, 220, 220))
```

这行代码使用之前定义过的 font_bulletin 字体生成一个文字的 surface 对象（可以理解为一张含有文字的图片）。

```
screen.blit(boom_render, (660, 540))
screen.blit(boom_icon_img,(620,540))
```

这两行代码分别在屏幕的右下角相邻位置呈现炸弹的图片和装备的文字提示。

最后我们运行一下程序，看看装备公告牌的效果，是否有一张炸弹的图片和相对应的文字，如图 27-5 所示。

图 27-5

27.3　知识小结和拓展

➤ Pygame 的 font 子模块的常用功能，如表 27-1 所示。

表 27-1

方法	说明
pygame.font.get_fonts()	获取所有可使用的字体，返回值是所有可用的字体列表
pygame.font.SysFont()	从系统的字体库中创建一个 Font 对象

➤ pygame.font.SysFont() 的参数如下。

◆ name：列表参数值，表示要从系统中加载的字体名称，它会按照列表中的元素顺序依次搜索，如果系统中没有列表中的字体，将使用 Pygame 默认的字体。

◆ size：表示字体的大小。

◆ bold：字体是否加粗。

◆ italic：字体是否为斜体。

✦ 字体对象的常用方法如表 27-2 所示。

表 27-2

名称	说明
pygame.font.Font.render()	该函数创建一个渲染了文本的 Surface 对象
pygame.font.Font.size()	该函数返回渲染文本所需的尺寸大小，返回值是一个一元组（width，height）
pygame.font.Font.set_underline()	是否为文本内容绘制下画线
pygame.font.Font.get_underline()	检查文本是否绘制了下画线
pygame.font.Font.set_bold()	启动粗体字渲染
pygame.font.Font.get_bold()	检查文本是否使用粗体渲染
pygame.font.Font.set_italic()	启动斜体字渲染
pygame.font.Font.get_italic()	检查文本是否使用斜体渲染
pygame.font.Font.get_linesize()	获取字体文本的行高
pygame.font.Font.get_height()	获取字体的高度

✦ 常用字体名称和 Pygame 字体代号对照如下。

◆ 新细明体：PMingLiU。

◆ 细明体：MingLiU。

◆ 标楷体：DFKai-SB。

◆ 黑体：SimHei。

◆ 宋体：SimSun。

◆ 新宋体：NSimSun。

◆ 仿宋：FangSong。

◆ 楷体：KaiTi。

◆ 仿宋_GB2312：FangSong_GB2312。

◆ 楷体_GB2312：KaiTi_GB2312。

◆ 微软正黑体：Microsoft JhengHei。

◆ 微软雅黑体：Microsoft YaHei。

27.4　课后练习、探索和创新

1．新建代码文件 practice27.py，并重写本课相关代码。

2．尝试将装备公告牌放置到游戏界面上的其他位置。例如，可以试着将公告牌放置在界面的右上角。

3．定制公告牌样式，尝试使用不同的字体颜色来显示公告牌。

4．定制公告牌样式，尝试使用不同的字体类型来显示公告牌。

第28课
游戏装备（2）：从天而降的超级炸弹

现在我们该让炸弹出场了。按照我们之前的构想，炸弹装备的补给要从太空飘落到地球，然后我们要移动战机去接住它。这节课，我们就来实现从太空给战机投放炸弹的功能。

28.1 实验场：投放炸弹补给

功能要求和描述：每隔一段时间就会有一颗炸弹从太空被空投到地球。

设计思路如下。

这个功能和怪兽很像，它们都是一张图片，都能从太空向地球移动。当然，也有不同的地方，如图片不同、移动速度不同、不能被子弹击中、接触到地球也不会伤害地球等。

因此，我们可以给炸弹定义一个和怪兽相似的类来实现。

1．加载一张炸弹图片。

2．定义一个炸弹类。

3．初始化一个用以存放炸弹对象的列表。

4．定义一个炸弹生成事件，事件的重复间隔为 12 秒。

5．检测炸弹生成事件，一旦检测到炸弹生成事件，就新建一个炸弹对象并将其添加到炸弹对象的清单中。

6．最后在 while 循环中，将炸弹图片在游戏界面中显示出来。

代码实现如下。

1．加载一张炸弹图片，如图 28-1 所示。

```
# 加载炸弹公告牌的图片
boom_icon_img = pygame.image.load('images/boom_icon.png')
# 加载炸弹图片
boom_img = pygame.image.load('images/boom.png')    ←── 新增代码
```

图 28-1

这张图片比炸弹公告牌上的炸弹图片稍微大一点。

2. 定义一个炸弹类，如图 28-2 所示。

```
                                                      新增代码
# 定义炸弹类
class Boom():
    def __init__(self):
        self.img = boom_img
        self.x = random.randint(10, 790)
        self.y = random.randint(10, 200)
        self.x_step = random.choice((1, -1))

    def move(self):
        self.x += self.x_step
        self.y += 1
        if self.x > 800 or self.x < 0:
            self.x_step *= -1
        screen.blit(self.img, (self.x, self.y))
```

图 28-2

代码解析如下。

在 __init__() 方法中，我们定义了炸弹类的图片、初始位置和移动速度。

在 move() 方法中，我们实现了炸弹在 X 轴和 Y 轴方向的移动逻辑。和怪兽一样，炸弹在移动到屏幕的左右边界时，需要调转方向。最后，我们使用 blit() 方法让炸弹在游戏界面上显示出来。

3. 初始化一个用以存放炸弹对象的列表，如图 28-3 所示。

```
# 怪兽、子弹和炸弹的对象列表初始化
enemies = []
bullets = []                  新增代码
booms = []
```

图 28-3

4. 定义一个炸弹生成事件，事件的重复间隔为 12 秒，如图 28-4 所示。

```
# 怪兽生成事件
enemy_event = pygame.USEREVENT + 1
pygame.time.set_timer(enemy_event, 1000)

# 炸弹生成事件                              新增代码
boom_event = pygame.USEREVENT + 2
pygame.time.set_timer(boom_event, 12000)
```

图 28-4

代码解析如下。

这部分代码可参考之前的怪兽生成事件，区别在于事件代号和时间间隔不同。

因为我们已经在怪兽生成事件中使用了 pygame.USEREVENT + 1 这个事件代号，为了确保事件编号不同，我们给炸弹生成事件使用 pygame.USEREVENT + 2 这个编号。

set_timer 中的参数 12000 代表事件生成的间隔为 12000 毫秒，即 12 秒。

5. 检测炸弹生成事件，一旦检测到炸弹生成事件，就新建一个炸弹对象并将其添加到炸弹对象的清单中，如图 28-5 所示。

```
while True:
    clock.tick(60)
    # 实现游戏程序的退出
    for event in pygame.event.get():
        if event.type == pygame.QUIT:
            pygame.quit()
            sys.exit()
        if running:
            if event.type == enemy_event:
                enemies.append(Enemy(enemy_size()))
            # 一旦检测到炸弹生成事件，则创建一个炸弹对象
            if event.type == boom_event:
                booms.append(Boom())
            if event.type == pygame.KEYDOWN:        新增代码
                if event.key == pygame.K_RIGHT:
                    player_step = 2
                if event.key == pygame.K_LEFT:
                    player_step = -2
```

图 28-5

6. 最后在 while 循环中，将炸弹图片在游戏界面中显示出来，如图 28-6 所示。

```
# 炸弹在游戏界面上显示并移动
for boom in booms:
    boom.move()
```

图 28-6

这行代码调用 Boom 类的 move() 方法，实现炸弹在游戏界面中移动的显示。

最后我们一起运行下程序。如果一切正常，每隔 12 秒钟就会有一颗炸弹从太空飘落到地球，如图 28-7 所示。

图 28-7

28.2　知识小结和拓展

本课为已学知识的综合应用，无新的编程知识。

28.3　课后练习、探索和创新

1. 新建一个代码文件 practice28.py，重写本课代码。

2. 自己设计并重写代码，实现与众不同的炸弹。你可以尝试更改炸弹的图片、移动方向和速度等。

3. 如果我希望炸弹的投放时间不固定，而是随机地隔一段时间投放一个炸弹，你能实现这个功能吗？

4. 想想如果不用事件生成器，你还有其他方法可以实现炸弹的定时投放吗？

我们已经实现了炸弹装备的空投补给功能，但我们的战机现在还接不住它。

这一课我们要让战机接住炸弹补给，并在炸弹装备的公告牌上增加一个炸弹的数量。

29.1 实验场：接收炸弹补给

功能要求和描述：移动战机去接住炸弹；如果接到炸弹，则炸弹图片消失，且炸弹装备公告牌的数量加 1。

设计思路如下。

判断战机是否接住炸弹和判断子弹是否击中怪兽的功能是一样的，都是对象之间的距离检测。因此，我们很容易想到使用之前已经写好的 distance() 函数。

1．在 Boom 类的 move() 方法中添加炸弹和战机的距离检测判断。

2．如果两者之间的距离值小于 50，则移除该炸弹对象，同时给 boom_qty 变量加 1。

代码实现如图 29-1 所示。

```python
# 定义炸弹类
class Boom():
    def __init__(self):
        self.img = boom_img
        self.x = random.randint(10, 790)
        self.y = random.randint(10, 200)
        self.x_step = random.choice((1, -1))

    def move(self):
        global boom_qty
        self.x += self.x_step
        self.y += 1
        if self.x > 800 or self.x < 0:            # 新增代码
            self.x_step *= -1
        screen.blit(self.img, (self.x, self.y))
        if distance(self.x + 24, self.y + 48, player_x + 32, 500) < 50:
            boom_qty += 1
            booms.remove(self)
```

图 29-1

代码解析如下。

```
global boom_qty
```

boom_qty 是在类外定义的全局变量，因此在类内使用它之前，要用 global 关键字对其进行声明。

```
if distance(self.x + 24, self.y + 48, player_x + 32, 500) < 50:
        boom_qty += 1
        booms.remove(self)
```

distance 是我们之前就已经定义的距离检测函数。其中，self.x 代表炸弹的 X 轴坐标，准确地说是炸弹最左侧的 X 轴坐标，这个值加上 24 代表了炸弹中心点的 X 轴坐标；self.y 代表炸弹上方的 Y 轴坐标，这个值加上 48 代表炸弹最下方的 Y 轴坐标；player_x + 32 代表战机中心点的 X 轴坐标；500 则代表战机最上方的 Y 轴坐标。因此，这里实际上是检测炸弹最下方的中心点和战机最上方的中心点之间的距离，如图 29-2 所示。

图 29-2

现在运行一下程序，检验一下战机接收到炸弹后炸弹是否消失，同时炸弹装备公告牌的数量是否增加了 1，如图 29-3 所示。

图 29-3

29.2　实验场：使用超级炸弹，瞬间消灭所有怪兽

功能要求和描述：按下键盘的向上键，瞬间消灭所有怪兽，炸弹的装备数量减 1。

设计思路如下。

1. 我们需要用到之前学过的键盘事件处理方法检测用户是否按下了向上键。

2. 如果检测到相应的键盘事件，而且炸弹装备数量大于 0，则：

（1）将 boom_qty 的数量减 1。

（2）清除怪兽对象列表中的所有怪兽（仍然要有怪兽被炸毁的爆炸效果）。

代码实现如图 29-4 所示。

```
if running:
    if event.type == enemy_event:
        enemies.append(Enemy(enemy_size()))
    # 一旦检测到炸弹生成事件，则创建一个炸弹对象
    if event.type == boom_event:
        booms.append(Boom())
    if event.type == pygame.KEYDOWN:
        if event.key == pygame.K_RIGHT:
            player_step = 2
        if event.key == pygame.K_LEFT:
            player_step = -2
        # 空格键创建一颗子弹
        if event.key == pygame.K_SPACE:
            bullets.append(Bullet())            新增代码
        # 使用炸弹
        if event.key == pygame.K_UP and boom_qty > 0:
            boom_qty -= 1
            for enemy in enemies:
                enemy.blood = 0
                enemy.exploded = True
                enemy.exploding_time = pygame.time.get_ticks()
                enemy.img = exploding_img
```

图 29-4

代码解析如下。

新增的代码其实和怪兽被子弹击中的部分非常相似。因为要对所有的怪兽一视同仁进行消灭，所以我们使用 for 循环对所有的怪兽做同样的逻辑处理。

enemy.blood = 0

将怪兽的生命值清零，这样后续在 move() 方法中会将其从对象列表中移除。

enemy.exploded = True

标记怪兽已经发生爆炸。

enemy.exploding_time = pygame.time.get_ticks()

记录怪兽爆炸的起始时间。

enemy.img = exploding_img

将怪兽的图片变更为爆炸图片，实现怪兽爆炸的效果。

现在我们再运行一下程序，看看满屏的怪兽被炸弹瞬间炸爆的效果，如图 29-5 所示。

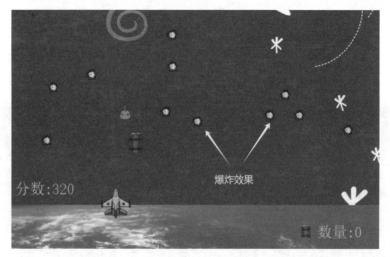

图 29-5

29.3 知识小结和拓展

本课为已学知识的综合应用，无新的编程知识。

29.4 课后练习、探索和创新

1. 创建 practice29.py 代码文件，重写本课代码。

2. 尝试更改代码，使用键盘上的其他键触发炸弹的使用。

3. 从网上下载一个大一点的爆炸图片，尝试在使用炸弹的同时在游戏界面的中央位置显示这张图片 0.5 秒。

第㉚课
游戏音效：给游戏来点音乐

到目前为止，我们的游戏还全部是视觉内容方面的设计。但战斗如此激烈，怎么能听不到炮弹声和怪兽的嚎叫声呢？添加游戏音效可以帮助烘托氛围，优化游戏中的感官体验。

30.1 实验场：添加背景音乐

功能要求和描述：游戏启动时自动播放背景音乐，并循环播放。

设计思路如下。

应用 Pygame 的 mixer 子模块的音乐动能即可实现。

代码实现如图 30-1 所示。

```
# 初始化游戏分数和炸弹装备数量
score = 0
boom_qty = 0                                          新增代码

# 循环播放背景音乐
pygame.mixer.init()
pygame.mixer.music.load('sounds/bg_music.mp3')
pygame.mixer.music.set_volume(0.1)
pygame.mixer_music.play(-1)
```

图 30-1

代码解析如下。

pygame.mixer.init()

初始化 Pygame 的 mixer 模块。

pygame.mixer.music.load('sounds/bg_music.mp3')

从本地电脑的 sounds 文件目录中加载音乐文件。这和图片加载的功能类似。

pygame.mixer.music.set_volume(0.1)

设置音乐的音量，参数 0.1 代表音量。可以在 0 到 1 之间使用任意数值，数值越大音量越高。

```
pygame.mixer_music.play(-1)
```

开始播放音乐，参数 -1 代表循环播放。

现在重新运行程序，如果你能听到游戏的声音，则说明功能正常。如果没有声音的话，在排除程序本身的错误后，要检查是否打开了电脑的静音开关，或者设置了过低的音量。

30.2 实验场：炮弹声和嚎叫声的交响曲

功能要求和描述：给以下场景添加音效。

- 发射超级炸弹时的爆炸声。
- 战机子弹发射的声音。
- 大脸怪出现时的嚎叫声。
- 获得炸弹装备的声音。

设计思路如下。

1. 准备好各种声音的音频文件，将他们添加到游戏程序中在游戏中

2. 在各种事件发生时，应用 Pygame 的 mixer 子模块的声音播放功能播放音频文件。

代码实现如下。

1. 准备好各种声音的音频文件，并将其添加到游戏程序中以备用，如图 30-2 所示。

```
# 循环播放背景音乐
pygame.mixer.init()
pygame.mixer.music.load('sounds/bg_music.mp3')
pygame.mixer.music.set_volume(0.1)
pygame.mixer_music.play(-1)                            新增代码

# 加载音效文件
sound_boom = pygame.mixer.Sound('sounds/boom.mp3')
sound_boom.set_volume(1)
sound_roar = pygame.mixer.Sound('sounds/roar.mp3')
sound_roar.set_volume(0.5)
sound_shoot = pygame.mixer.Sound('sounds/shoot.mp3')
sound_shoot.set_volume(1)
sound_get = pygame.mixer.Sound('sounds/get_bonus.mp3')
sound_get.set_volume(0.5)
```

图 30-2

代码解析如下。

使用 mixer 子模块的 Sound 类创建各种声音对象，参数是对应的声音音频。其中，boom.mp3 是爆炸声音频，roar.mp3 是怪兽嚎叫的声音音频，shoot.mp3 是子弹发射的声音音频，get_bonus.mp3 是获取装备的声音音频。

应用声音对象的 set_volume() 方法设置声音的音量，参数范围为 0 到 1 之间的浮点数。

2．在各种事件发生时，应用 Pygame 的 mixer 子模块的声音播放功能播放音频文件。

● 发射超级炸弹时的爆炸声，新增代码如图 30-3 所示。

```
# 使用炸弹
if event.key == pygame.K_UP and boom_qty > 0:
    boom_qty -= 1
    sound_boom.play(maxtime=1000)
    for enemy in enemies:                    ← 新增代码
        enemy.blood = 0
        enemy.exploded = True
        enemy.exploding_time = pygame.time.get_ticks()
        enemy.img = exploding_img
```

图 30-3

代码解析如下。

声音对象的 play() 方法会播放对应的音效文件，参数 maxtime=1000 代表该声音最多播放 1000 毫秒（1 秒钟）。

相信大家能理解，炸弹声音的播放和炸弹发射动作是同时进行的，所以这个声音播放的指令代码要放在炸弹发射事件的处理代码中。

● 战机子弹发射的声音，新增代码如图 30-4 所示。

```
# 空格键创建一颗子弹
if event.key == pygame.K_SPACE:
    bullets.append(Bullet())              ← 新增代码
    sound_shoot.play(maxtime=400)
```

图 30-4

● 大脸怪出现时的嚎叫声，新增代码如图 30-5 所示。

```
# 定义怪兽的类
class Enemy:
    def __init__(self, size):
        self.type = size
        if self.type == 'big':
            self.img = big_enemy_img
            self.blood = 3
            sound_roar.play()          新增代码
        else:
            self.img = random.choice(small_enemy_img)
            self.blood = 1
        self.x = random.randint(100, 700)
        self.y = random.randint(100, 300)
        self.x_step = random.choice((1, 0.75, 0.5, -0.5, -0.75, -1))
        self.y_step = random.choice((0.05, 0.1, 0.15, 0.2, 0.3))
        self.exploded = False
        self.exploding_time = 0
```

图 30-5

因为我们的设计是只有大脸怪出现时才播放怪兽的嚎叫声，所以播放音频的代码要放在 Enemy 类的 __init__() 方法中的 self.type == 'big' 条件下。

● 获得炸弹装备的声音，新增代码如图 30-6 所示。

```
def move(self):
    global boom_qty
    self.x += self.x_step
    self.y += 1
    if self.x > 800 or self.x < 0:
        self.x_step *= -1
    screen.blit(self.img, (self.x, self.y))
    if distance(self.x + 24, self.y + 48, player_x + 32, 500) < 50:
        boom_qty += 1
        sound_get.play(              =1000)
        booms.remove(self)                       新增代码
```

图 30-6

这个音效是在接收到炸弹时播放，因此这行代码要放在 Boom 类的 move() 方法中炸弹和战机的距离检测内。

现在我们可以再次运行程序，注意听一下各种场景下的音效能否正常播放。

30.3 知识小结和拓展

✳ 掌握在 Pygame 的 mixer 子模块播放音乐和声效的相关功能。

◆ pygame.mixer.init()

初始化 Pygame 的 mixer 模块。

◆ pygame.mixer.music.load()

从本地电脑中加载音乐文件到程序中。参数为音频文件。

◆ pygame.mixer.music.set_volume()

设置音乐的音量，参数为音频音量。可以在 0 到 1 之间使用任意数值，数值越大音量越高。

◆ pygame.mixer_music.play()

播放音乐。参数为音乐的循环次数，-1 则代表持续循环播放。

◆ pygame.mixer.Sound

用以创建音效的一个类，参数为音效文件。

※ pygame.mixer.Sound.play() 播放音效文件，常用参数如下。

◆ Loops：循环播放次数，-1 则代表持续播放。

◆ Maxtime：声音的播放持续时间（毫秒）。

◆ fade_ms：声音的淡入效果，即使声音以 0 音量开始播放，并在给定时间内逐渐升至全音量。

※ 可以使用 mixer 中的 Channel 创建多个声音通道来播放不同的音效。

我们本课中实现的音效都是在 mixer 默认的声音通道中播放的，一个声音在播放时会压盖另外一个声音的播放。如果想让这些声音同时播放，实现混音的效果，那么就需要使用 mixer 的 Channel 类来创建多个声音通道，并在不同的 Channel 中播放不同的音效文件。

◆ pygame.mixer.Channel()

可以创建一个通道对象，参数为声音通道的编号，可以选择从 0 开始递增。

◆ pygame.mixer.Channel.play()

可以在通道内播放声音文件，参数为声音对象。

代码示例：

```
sound_roar = pygame.mixer.Sound('sounds/roar.mp3')
sound_roar.set_volume(0.5)
sound_shoot = pygame.mixer.Sound('sounds/shoot.mp3')
```

```
sound_shoot.set_volume(1)
channel_1 = pygame.mixer.Channel(1)
channel_2 = pygame.mixer.Channel(2)
channel_1.play(sound_roar)
channel_2.play(sound_shoot)
```

以上代码实现了怪兽的嚎叫声和子弹的射击声分别在 channel_1 和 channel_2 这两个不同的声音通道内播放。

30.4　课后练习、探索和创新

1．新建代码文件 practice30.py，重写本课代码。

2．尝试从网上下载一些自己喜欢的音效文件，并对现有的音效进行替换。

3．应用 Channel 类，实现本课中涉及的 4 种音效分别在 4 个声音通道内播放，实现混音的效果。

第③课
难度设计：营造心惊肉跳的感觉

在游戏的过程中，如果一直能够轻松击杀所有来犯的怪兽，那游戏会显得乏味。如果随着时间的推移，游戏的难度也慢慢变高，就会有心跳和刺激的感觉。

这节课我们就来实现游戏的难度设计和控制，这也是一个可以发挥想象力和创意的环节。

那么请你想想看，如果你来设计游戏，你会从哪些环节入手调整游戏的难度呢？至少，我们可以考虑以下几个方面入手。

1. 怪兽的产生速度：如果怪兽产生得越快，出现在游戏界面上的怪兽就越多，难度就越大。

2. 怪兽的 Y 轴移动速度：如果怪兽在 Y 轴上向地球移动的速度越快，就越难被消灭，游戏的难度也会越大。

3. 战机的移动速度：战机的移动速度越慢，就越难移动到想去的地方，击杀怪兽的难度就会越大。

31.1　实验场：定义难度事件和难度级别

在本实验中，我们先在游戏程序中实现一个难度升级的框架，包括难度升级事件的生成和难度信息的显示等。我们会在后续的实验中，再实现实际的难度变化。

功能要求和描述：每隔 30 秒就触发一个难度升级的事件，并在游戏界面的右下角显示游戏的难度级别。

设计思路如下。

1. 使用一个新的变量代表游戏的当前级别。

2. 使用 Pygame 的 event 模块和 time 实现难度升级事件的定时触发。

3. 每次触发难度升级事件后，游戏的难度级别加 1。

4．将级别信息在游戏界面上显示出来。

代码实现如下。

1．定义一个代表游戏难度级别的变量，如图 31-1 所示。

```
# 难度级别
level_num = 1        ← 新增代码
```

图 31-1

2．难度升级事件的定时触发，如图 31-2 所示。

```
# 炸弹生成事件
boom_event = pygame.USEREVENT + 2
pygame.time.set_timer(boom_event, 12000)
                                          新增代码
# 难度升级事件
level_event = pygame.USEREVENT + 3
pygame.time.set_timer(level_event, 30000)
```

图 31-2

代码解析如下。

这里我们定义了一个名为 level_event 的难度升级事件，需要注意事件的编号不能与其他事件重复。事件的时间间隔为 30000 毫秒，即 30 秒。

3．触发 level_event 事件后的逻辑处理，如图 31-3 所示。

```
for event in pygame.event.get():
    if event.type == pygame.QUIT:
        pygame.quit()
        sys.exit()
    if running:
        if event.type == enemy_event:
            enemies.append(Enemy(enemy_size()))
        # 一旦检测到炸弹生成事件，则创建一个炸弹对象
        if event.type == boom_event:
            booms.append(Boom())
                                          新增代码
        # 游戏难度升级，怪兽加速
        if event.type == level_event:
            level_num += 1
```

图 31-3

代码解析如下。

这部分代码实现每次难度升级后，给 level_num 变量的数值增加 1。

4．将级别信息在游戏的界面上显示出来，如图 31-4 所示。

```
# 定义函数，用以显示分数牌
def bulletin_show():
    # 显示分数
    score_text = f"分数:{score}"
    score_render = font_bulletin.render(score_text, True, (220, 220, 220))
    screen.blit(score_render, (10, 450))
    # 显示炸弹装备
    boom_text = f"数量:{boom_qty}"
    boom_render = font_bulletin.render(boom_text, True, (220, 220, 220))
    screen.blit(boom_render, (660, 540))
    screen.blit(boom_icon_img, (620, 540))           新增代码
    # 显示难度级别
    leve_text = f"级别:{level_num}"
    level_render = font_bulletin.render(leve_text, True, (220, 220, 220))
    screen.blit(level_render, (500, 540))
```

图 31-4

代码解析如下。

这部分代码创建了一个包含级别信息的 surface 对象，并在 (500, 540) 的位置显示出来。

现在我们运行一下程序看看效果，检查游戏界面上的级别是否每隔 30 秒逐次增加，如图 31-5 所示。

图 31-5

31.2 实验场：加快怪兽的产生速度

功能要求和描述：每升级一个难度级别，怪兽的产生速度就加快一些。

设计思路如下。

我们前面使用怪兽的生成事件和定时器来触发怪兽的生成，因此，我们只要改变怪兽生成的时间间隔就可以调整怪兽的产生速度了。

1. 使用一个新的变量代表怪兽生成的时间间隔。设置初始值为 1000，即 1 秒钟生成一只怪兽。

2．在生成怪兽的定时器中应用这个变量，而不像之前使用的是一个固定的数值。

3．每次触发难度升级事件后，让怪兽产生的间隔时间减少 100 毫秒。

代码实现如下。

1．定义一个代表怪兽生成时间间隔的变量，如图 31-6 所示。

```
# 难度级别
level_num = 1          新增代码
# 怪兽的生成时间间隔
enemy_interval = 1000
```

图 31-6

英文单词"interval"是"时间间隔"的意思。

2．修改怪兽生成事件的定时器时间间隔，如图 31-7 所示。

```
# 怪兽生成事件
enemy_event = pygame.USEREVENT + 1          修改代码
pygame.time.set_timer(enemy_event, enemy_interval)
```

图 31-7

原先定时器的时间间隔为 1000，我们现在用变量 enemy_interval 来替换它。

3．每次触发难度升级事件后，让怪兽产生的间隔时间减少 100 毫秒，如图 31-8 所示。

```
# 游戏难度升级，怪兽加速
if event.type == level_event:
    level_num += 1                                          新增代码
    if enemy_interval > 300:
        enemy_interval -= 100
        pygame.time.set_timer(enemy_event, enemy_interval)
```

图 31-8

代码解析如下。

每次难度升级后，我们就做一个判断：如果怪兽产生的时间间隔大于 300 毫秒，就让定时器的时间间隔减少 100 毫秒，同时再次调用定时器方法重置定时器，让新的时间间隔在定时器中生效。

现在我们可以重新运行程序，验证一下是否随着难度级别的上升，怪兽产生的速度也在加快。

31.3　实验场：加快怪兽的进攻速度

功能要求和描述：每升级一个难度级别，怪兽在 Y 轴方向的移动速度就加快一些。

设计思路如下。

我们之前是在怪兽的 Enemy 类的 y_step 属性中定义其 Y 轴的移动速度，原先的代码是

```
self.y_step = random.choice((0.05, 0.1, 0.15, 0.2, 0.3))
```

每只怪兽的移动速度是从元组中随机选择的，可能会各不相同。

为了在难度级别提升后，让怪兽更快地移动，我们要让元组中的数值整体变大一些。一个可行的方法如下：

1. 使用一个新的列表变量代表怪兽的 Y 轴移动速度。

2. 在 Enemy 类的初始化方法 __init__() 中，使用该列表变量作为 Y 轴的移动速度。

3. 每次难度级别升级后，去掉列表中的第一个数值，并在末尾增加一个比最后一个数值更大的值。

例如，现有的速度是 (0.05, 0.1, 0.15, 0.2, 0.3)，那么去掉第一个数值 0.05，在列表后面添加一个比 0.3 大 0.05 的数值 0.35 即可。这样速度就会变成 (0.1, 0.15, 0.2, 0.3, 0.35)。后续的速度升级以此类推即可。

代码实现如下。

1. 使用一个新的列表变量 enemy_speed 代表怪兽的 Y 轴移动速度，如图 31-9 所示。

图 31-9

因为后续的难度升级要对速度做更改，所以这里的 enemy_speed 使用列表作

为变量类型，而非元组。

2．在 Enemy 类的 __init__() 方法中，修改怪兽 Y 轴的初始位置，同时将 Y 轴方向的移动速度替换为刚定义的变量 enemy_speed，如图 31-10 所示。

```
# 定义怪兽的类
class Enemy:
    def __init__(self, size):
        self.type = size
        if self.type == 'big':
            self.img = big_enemy_img
            self.blood = 3
            sound_roar.play()
        else:
            self.img = random.choice(small_enemy_img)
            self.blood = 1
        self.x = random.randint(100, 700)          # 修改数值
        self.y = random.randint(0, 150)
        self.x_step = random.choice((1, 0.75, 0.5, -0.5, -0.75 - 1))
        self.y_step = random.choice(enemy_speed)
        self.exploded = False
        self.exploding_time = 0                      # 修改代码，使用变量代替固定值
```

图 31-10

代码解析如下。

将原先的代码

self.y = random.randint(100, 300)

更改为

self.y = random.randint(0, 150)

这样怪兽出现的初始位置会距离地球更远了，能够降低游戏的初始难度。

self.y_step = random.choice(enemy_speed)

这行代码使得怪兽的 Y 轴移动速度不再是固定的数值，而是会从 enemy_speed 列表变量中随机选择。

3．每次难度级别上升时，对 enemy_speed 变量中的数值进行调整，使整体速度更快，如图 31-11 所示。

```
# 游戏难度升级，怪兽加速
if event.type == level_event:
    level_num += 1
    if enemy_interval > 300:
        enemy_interval -= 100
        pygame.time.set_timer(enemy_event, enemy_interval)    # 新增代码
    enemy_speed.pop(0)
    enemy_speed.append(enemy_speed[-1] + 0.05)
```

图 31-11

代码解析如下。

列表的 pop() 方法用以移除列表中的一个元素。

```
enemy_speed.pop(0)
```

是移除列表中序号为 0 的元素，即第一个元素。

列表的 append 方法是往列表中添加一个元素。

```
enemy_speed[-1]
```

是列表中的最后一个元素，其中 -1 代表列表中从后向前数的第一个元素，即最后一个元素。因此，

```
enemy_speed.append(enemy_speed[-1] + 0.05)
```

的意思是往列表中添加一个元素，该元素的值是现有列表中最后一个数值加上 0.05。

现在我们再次运行程序，看看是不是随着游戏级别的上升，怪兽在 Y 轴方向的速度也越来越快了。

31.4 实验场：加快战机的移动速度

功能要求和描述：每升级一个难度级别，战机的移动速度增加 10%，但不要超过每次移动 6 个像素。

设计思路如下。

1．使用一个新的变量代表战机的移动速度。

2．每次难度升级后，战机的移动速度增加 10%。

代码实现如下。

1．定义新的变量 player_move_speed 代表战机的移动速度，并设置初始值为 2，如图 31-12 所示。

图 31-12

2．在键盘事件的左键和右键按下事件中修改原先的代码，将 player_move_speed 赋值给 player_step，如图 31-13 所示。

3．每次难度升级后，将变量 player_move_speed 在不超过 6 的前提下增加

10%，如图 31-14 所示。

图 31-13

图 31-14

现在我们再次运行程序，验证战机的移动速度在难度级别提升后是否加快了。

31.5　知识小结和拓展

❋ 掌握在 Pygame 中设计和调整游戏难度的一般方法。

◆ 设计难度升级的事件：即在什么情况下触发难度级别的提升。

◆ 应用变量：在游戏的各个环节可以应用变量，如速度、生命值、攻击力等，并结合游戏的难度级别动态调整变量的值来实现难度的控制。

❋ 列表的访问。

◆ 索引访问：list[i]，其中，i 为列表的索引值。

索引可以理解为列表中元素的编号，从 0 开始，从左向右递增。例如，list[0] 代表第一个元素，list[3] 代表第四个元素；list[-1] 代表最后一个元素，list[-2] 则代表倒数第二个元素。

◆ 切片访问：list[strat : end]，其中，start 表示起始索引，end 表示结束索引。

切片访问的方式可以一次读取列表中的多个值，如 list_name[1:5] 可以获取 list 列表中索引为 1、2、3、4 的 4 个元素（不包括结束索引的元素）。

❋ 列表的常用方法。

◆ append() 方法用于在列表末尾添加新的元素。

◆ insert() 方法用于将指定对象插入列表的指定位置。如：

```
fruits = ['apple', 'banana', 'cherry']
fruits.insert(1, "orange")
print(fruits)
['apple', 'orange', 'banana', 'cherry']
```

◆ count() 方法用于统计某个元素在列表中出现的次数。

◆ sort() 方法用于对原列表进行排序。

◆ copy() 方法用于复制列表。

◆ reverse() 方法用于反向列表中的元素。

◆ pop() 方法用于移除列表中的一个元素（默认最后一个元素），并且返回该元素的值。

◆ remove() 方法用于移除列表中某个值的第一个匹配项。

◆ clear() 方法用于清空列表。

31.6　课后练习、探索和创新

1．新建代码文件 practice31.py，重写本课代码。

2．本课使用时间间隔作为难度升级的标准，即每隔 30 秒提升一个难度级别。你是否可以尝试设计另外一种难度升级模式，如每消灭 20 只大脸怪、每获得 1000 的游戏分数等。

3．本课我们通过调整怪兽出现的时间间隔、怪兽的移动速度和战机的移动速度等方式调整游戏的难度。除此之外，你是否还能想到其他方式，并在程序中实现，如调整怪兽的生命值、大脸怪的出现概率等。

第③②课
成绩记录：记录历史成就，增加游戏挑战性

　　我们在和怪兽激战的过程中会不断获得游戏的分数，但是在关闭游戏后，这个分数就不见了，因为我们没有把它保存下来。我们能不能给程序设计一个"记忆"功能，它能始终帮我们把历史的最佳战绩记录下来，就像记录奥运会的世界纪录一样。这样，我们每次打开游戏程序会直观地看到这个成绩，也就更能激发我们的斗志去创造新的纪录了。

　　如果我们想把游戏的成绩保存下来，就需要使用到计算机文件。计算机文件可以理解为存储在电脑硬盘上的数据。文件有不同的类型，如文本文件，也有声音、图片和视频文件等，这些不同的文件类型体现在文件名称后面的后缀上，如.txt、.ppt、.doc 等。其实，我们在学习 Python 的过程中，已经接触到大量文件了，如战机的图片文件（plane_fight.png）、游戏的背景音乐文件（bg_music.mp3）等。我们自己编写的 Python 程序（如 lesson1.py）也是一种计算机文件。

32.1　实验场：文件内容的读取

　　通过这个实验我们将学会使用 Python 来读取文件后缀为 .txt 的文本文件。文本文件是最简单的文件类型之一，它只能保存纯粹的文本内容，如英文字符、中文字符和数字等。

　　实验内容如下。

　　1．新建一个 txt 文件，随意在文件内编辑一些内容。

　　2．打开这个文件，读取里面的文本信息。

　　代码实现如下。

　　1．在程序项目中新建一个名为 files 的文件目录。

　　在 Pycharm 最左侧的项目导航栏内找到我们的项目"planegame"，右键点击项目名称，在弹出的菜单中依次选择"New"和"Directory"，如图 32-1 所示。

图 32-1

在弹出的小窗口中输入"files"，完成后就会在当前程序项目下新建一个名为 files 的文件目录。

2．在 files 文件目录下新建一个名为 record.txt 的文本文件。

使用鼠标右键单击"Files"文件夹，在弹出的窗口中选择"New"菜单，再单击"File"子菜单，如图 32-2 所示。

图 32-2

在弹出的小窗中输入"record.txt"，这样就会在 files 目录下新建一个名为 record.txt 的文本文件了。

3．在 record.txt 文件中随意输入一些文本内容。

双击 record.txt 文件，Pycharm 会打开该文件的编辑窗口，如图 32-3 所示。

图 32-3

在编辑区输入数字"100"，如图 32-4 所示。

图 32-4

然后按下键盘上的"Ctrl"+"S"组合键保存文件内容。

注意：虽然我们在 record.txt 中输入的是数字 100，但实际上 .txt 类型的文件只能保存文本内容，因此这里的 100 实际上是含有数字的文本内容。

4. 使用 Python 读取文件内的文本内容。

在 Pycharm 中打开一个控制台，在控制台输入指令：

```
record_file = open('files/record.txt', 'r')
```

代码解析如下。

英文单词"open"是"打开"的意思，它是 Python 的一个关键字。这条代码会以"只读"的方式打开 files 目录下的 record.txt 文件。参数"r"是英文单词"read"的缩写，代表"只读"，变量 record_file 则代表了这个打开的文件。

现在文件已经打开了，接下来我们来读取文件内的内容：

```
score_data = record_file.read()
```

代码解析如下。

这条代码使用 read() 方法读取文件内容，并赋值给变量 score_data。

现在文件内的文本内容已经存储在 score_data 这个变量中了，我们可以使用

print() 方法查看其内容：

```
print(score_data)
```

可以看到控制台的输出内容是 100。没有问题，这和我们在 record.txt 文件中编辑的内容是完全一致的。

现在我们还可以进一步在 Pycharm 的变量窗口查看score_data这个变量的详情，如图 32-5 所示。

图 32-5

可以直观地观察到，score_data 的类型是字符串 (str)，而不是数值 (int)。

5．关闭 record.txt 文件。

有始有终，我们之前使用 open() 方法打开了文件，现在我们完成了数据读取的任务，那么就要用 close() 方法关闭该文件：

```
record_file.close()
```

32.2 实验场：往文件中写入内容

现在我们学习怎样通过 Python 往文本文件中写入文本内容。

实验内容：接着上一个实验，在 record.txt 文件中写入"200"这串文本。

代码实现如下。

1．以"可写"的方式打开 record.txt 文件。

在 Pycharm 的控制台中输入以下代码：

```
record_file = open('files/record.txt', 'w+')
```

代码解析如下。

这行代码和之前的打开文件的代码类似，只是参数更改为"w+"。参数中"w"是英文单词"write"的缩写，意为"可写"。"+"起到的作用是：如果文件存在，则清除文件中的内容；如果文件不存在，则新建这个文件。

2．往 record.txt 文件中写入"200"这串文本：

```
record_file.write('200')
```

代码解析如下。

这行代码使用 write() 方法向 record_file 这个文件中写入 '200' 文本内容。

3．查看 record.txt 文件的内容。

在 Pycharm 的项目文件浏览窗口中，双击打开 record.txt 文件，验证文件中的内容是否从原来的 100，变成了 200。

可以从 record.txt 文件的编辑窗口清楚地看到，其中的文本内容已经从原先的 100 变成了 200，如图 32-6 所示。

图 32-6

32.3　实验场：从文件中读取历史最佳战绩

现在我们假设在 record.txt 文件中存放的是游戏的历史最佳成绩，那么怎么在游戏程序中读取该数据并将它显示出来呢？

功能要求和描述：从 record.txt 文件中读取历史最佳战绩，并在游戏屏幕的右上角显示出来。

设计思路如下。

1．使用 open() 方法读取文件中的数据，并将其存放在 best_score 变量中。

2．使用 Pygame 的 font 模块功能实现文字内容在屏幕上的展现。

代码实现如下。

1．使用 open() 方法读取文件中的数据，并将其存放在 best_score 变量中，如图 32-7 所示。

代码解析如下。

这里涉及了 Python 的一个新语法，即 try…except…。

图 32-7

英文单词"try"的含义是"尝试"，"except"的含义是"除此之外"。

遇到这样的语法结构，Python 首先会去执行"try"代码块中的内容，如果在执行过程中发生了意外状况，则会去执行"except"代码块中的内容。

那么我们首先来理解下"try"代码块中的内容：

```
record_file = open('files/record.txt', 'r')
```

这行代码以"只读"的方式打开 record.txt 这个文件。

```
score_data = record_file.read()
```

这行代码读取文件中的内容，并将其存放到 score_data 这个变量中。

注意：直接从文本文件中读取的内容是文本类型，哪怕里面的内容是数值。

```
best_score = int(score_data)
```

这行代码使用 int() 方法，将 score_data 转换为整数类型，并赋值给 best_score 这个变量。

注意：经过 int() 方法的转换，best_score 就是整数类型了。

```
record_file.close()
```

这行代码起到关闭文件的作用。

大家可以想一下，这段代码可能会发生什么样的意外状况？

实际上至少有两种可能的状况：

（1）record.txt 这个文件不存在。

这个文件有可能没有被创建，也有可能被人不小心删除了。那么这种情况下 open('files/record.txt', 'r') 这部分就无法执行了，程序就会报错。

（2）record.txt 这个文件中的内容可能不是一个整数。

比如这个文件里面的内容被人更改过，有可能是空的，也有可能是任意的文本字符。这样的情况下 int(score_data) 这部分就无法执行了，程序也会报错。

为了使程序在出现上述状况下还能正常运行，我们就需要使用 try…except…这个结构的语法。应用这种语法后，如果"try"代码块中的执行出现了意外状况，程序也不会中断，而将转去执行"except"代码块中的内容。

现在我们再看一下 except 代码块中写了什么内容：

```
best_score = 0
```

这行代码是给 best_score 赋值为 0。它起到的作用是：如果在读取 record.txt 文件时发生了任何意外的状况，要使程序不报错中断，直接给 best_score 赋值为 0 即可。

2．使用 Pygame 的 font 模块功能实现文字内容在屏幕上的展现，如图 32-8 所示。

```
def bulletin_show():
    # 显示分数
    score_text = f"分数:{score}"
    score_render = font_bulletin.render(score_text, True, (220, 220, 220))    新增代码
    screen.blit(score_render, (10, 450))
    # 显示历史最高分数
    font_best_score = pygame.font.SysFont('simhei', 24)
    best_score_render = font_best_score.render(f"历史高分:{best_score}",
                                               True, (0, 0, 0))
    screen.blit(best_score_render, (600, 10))
```

图 32-8

代码解析如下。

我们之前创建了一个名为 bulletin_show() 的函数，所有和文字公告牌相关的处理全部放在该函数中了。因此，显示历史最佳战绩的功能也可以放在该函数中。

```
font_best_score = pygame.font.SysFont('simhei', 24)
```

这里我们新建了一个大小为 24 像素、黑体的字体对象 font_best_score。

```
best_score_render = font_best_score.render(f" 历史高分 :{best_score}", True, (0, 0, 0))
```

渲染一个黑色的文本 surface 对象，里面包含了历史最高分的文本信息。

```
screen.blit(best_score_render, (600, 10))
```

在屏幕的 (600,10) 位置即屏幕的右上角位置，显示最高分信息。

3．在游戏结束时，继续显示公告牌信息。

为了在游戏结束时，仍然能看到历史最高成绩，我们在游戏结束的处理代码

中加入对 bulletin_show() 函数的调用，如图 32-9 所示。

```
else:
    font_game_over = pygame.font.SysFont('simhei', 48)
    text_game_over = font_game_over.render('怪兽入侵成功,GAME OVER!', True
    text_game_score = font_game_over.render(f'游戏总分: {score}', True, (2
    # 显示游戏的背景图片
    screen.blit(background, (0, -200))
    screen.blit(earth, (0, 500))
    # 显示"Game Over"
    screen.blit(text_game_over, (150, 250))
    screen.blit(text_game_score, (250, 380))
    bulletin_show()                                       新增代码
    pygame.display.update()
```

图 32-9

现在，我们重新运行程序，看看历史最高战绩显示的相关功能是否正常，如图 32-10 所示。

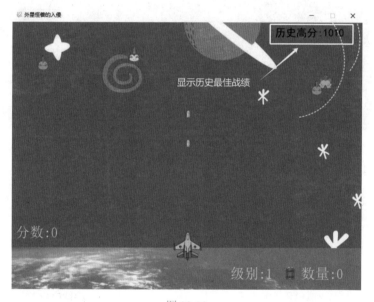

图 32-10

可以看到，程序的功能完全正常。

32.4　实验场：往文件中写入最佳战绩

上个实验我们是从文件中读取历史最佳战绩，现在我们来实现把最佳战绩写入文件中。

功能要求和描述：在游戏结束时，判断当前成绩是否超过了历史最佳战绩，如果是的话就在 record.txt 文件中写入本次成绩。

设计思路如下。

1. 因为是在游戏结束时才需要做这件事情，因此我们把这部分代码放在 Pygame 的退出事件中处理。

2. 可以使用 write() 方法往 record.txt 文件中写入成绩数据。

代码实现如下。

1. 在 Pygame 的退出事件中增加判断，如果游戏成绩超过了之前的最佳战绩，则往 record.txt 文件中写入本次成绩数据，如图 32-11 所示。

```
while True:
    clock.tick(60)
    # 实现游戏程序的退出
    for event in pygame.event.get():
        if event.type == pygame.QUIT:
            if score > best_score:                      新增代码
                try:
                    record_file = open('files/record.txt', 'w+')
                    record_file.write(str(score))
                    record_file.close()
                except:
                    pass
            pygame.quit()
            sys.exit()
```

图 32-11

代码解析如下。

变量 score 代表本次游戏的得分，而 best_score 是之前从 record.txt 文件中读取的历史最佳成绩，因此判断条件 score > best_score 即表明当前成绩已经超过了之前的最佳战绩。

"try"代码块中的代码实现的功能是：打开 record.txt 文件，将 score 的数据转换为"str"类型后保存并关闭文件。参数"w+"表示本次的写入会覆盖之前文件中的内容。

值得注意的是，代码块"except"中只写了一行仅有一个单词"pass"的代码。英文单词"pass"的含义是"通过"，它也是 Python 的关键字，在程序的执行过程中不起任何实际作用。也就意味着，在"try"代码块执行数据写入的过程中，如果发生任何意外的状况，那就放弃写入的操作，什么都不做了。

重新运行程序，看看在超过历史最高分的情况下，当前成绩能否被成功写入record.txt 文件中。

32.5　知识小结和拓展

※ 文件的读取和写入。

　　◆ open：打开文件。

```
file = open('fiename.txt', mode = 'r')
```

文件的打开方式 (mode) 有以下可选参数，如表 32-1 所示。

表 32-1

模式	描述
r	只读模式，打开一个文件用于读取。如果文件不存在，则会发生错误
w	写入模式，打开一个文件用于写入。如果文件已经存在，则清空文件内容；如果文件不存在，则创建新文件
a	追加模式，打开一个文件用于追加内容。如果文件不存在，则创建新文件
x	创建模式，创建一个新文件用于写入。如果文件已经存在，则会发生错误
+	读写模式，用于既能读取又能写入文件的操作。与其他模式配合使用，如 r+、w+、a+ 等

　　◆ read()：读取整个文件内容。

　　◆ readline()：用于从文件中读取整行数据。

　　◆ write()：将参数中的文本内容写入文件。

※ 异常处理：通常有以下 3 种用法。

　　◆ try…except…

　　　　先执行"try"中的代码块，如有异常则执行"except"代码块。

　　◆ try…except…finally…

　　　　先执行"try"中的代码块，如有异常则执行"except"代码块，最后不管是否存在异常都要执行 finally 代码块中的内容。

　　◆ try…finally…

　　　　先执行"try"中的代码块，最后不管是否存在异常都要执行 finally 代码块中的内容。

32.6　课后练习、探索和创新

1．新建代码文件 practice32.py，重写本课相关代码。

2．验证 try…except…的作用。

在本课读取 record.txt 文件内容的代码块中，删除 try…except…的语法结果，直接使用"try"的代码内容，并刻意制造一些意外状况，如删除文件、将文件中的数字更改为其他字符等，然后重新运行程序并观察出现的问题。

3．尝试使用学习过的列表变量，往 record.txt 中写入更多的历史游戏信息，如最佳战绩的日期、达到的游戏最高难度级别、击杀的怪兽最多数量等。

经过前面的努力，我们的游戏程序已经开发完成了。现在你一定迫不及待地想要和你的朋友们分享自己开发出来的游戏程序吧？

可是到目前为止，我们都是在 Pycharm 的窗口中调试运行的。那么怎么才能让其他没有 Pycharm 的小伙伴们直接运行程序呢？

我们可以使用 Pyinstaller 这个工具，将我们的程序编译成以 .exe 为后缀的可执行文件，这样不需要 Pycharm 也可以直接运行程序了。

33.1 实验场：安装程序打包工具——Pyinstaller

还记得怎么安装 Pygame 吗？ Pyinstaller 的安装和 Pygame 是一模一样的。

步骤 1：打开 Pycharm 的终端控制台，在 Pycharm 的左下角我们"Terminal"图标，然后用鼠标左键点击该图标，如图 33-1 所示。

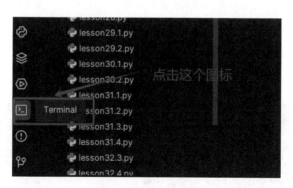

图 33-1

步骤 2：在终端控制台中输入安装 Pyinstaller 的命令，如图 32-2 所示。这里稍微等待一段时间后，安装就会自行完成。

图 33-2

33.2　实验场：使用 Pyinstaller 生成可执行文件

步骤 1：生成可执行文件。

在上个实验的相同窗口，我们继续输入以下指令，如图 33-3 所示。

图 33-3

指令解析如下。

pyinstaller 是打包的指令，-F 和 -w 是指令的参数。其中，-F 的作用是将程序打包成一个可执行文件，否则会生成多个文件目录和文件；-w 的作用是告诉 pyinstaller 我们的程序需要在图形化的窗口界面中运行。lesson32.4.py 是我们最终版本的程序文件，也是我们要让 pyinstaller 打包的程序。

运行指令后，一个可执行文件就会生成在当前目录的 dist 文件夹下，如图 33-4 所示。

图 33-4

步骤 2：在本地电脑中查找可执行文件。

按照可执行文件所在的目录地址，我们可以轻松地在本地电脑中找到它，如图 33-5 所示。

图 33-5

步骤 3：修改文件名称和目录名称。

lesson32.4 只是我们基于学习的目的给程序文件起的名字，现在我们把名字改得正式一点。你可以自己给它起个名字，如外星怪兽的入侵、大战外星怪兽等。

右键点击文件的名称后，在出现的菜单中选择"重命名"，就可以修改文件的名称了，如图 33-6 所示。

图 33-6

步骤 4：复制游戏程序所需的素材文件。

虽然现在已经生成了可执行文件，但直接运行的话就会报错。因为在当前 dist 目录下，不存在和游戏相关的图片、声音等素材文件，如图 33-7 所示。

图 33-7

这个错误提示告诉我们，还需要到 dist 目录的上一级目录中，将 files、images 和 sounds 这 3 个文件夹完整地复制到 dist 文件夹下，如图 33-8 所示。

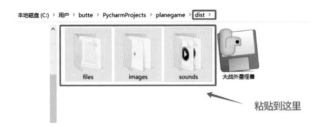

图 33-8

将这 3 个文件夹粘贴到 dist 文件夹下，如图 33-9 所示。

图 33-9

接着我们再双击"大战外星怪兽"这个可执行文件，就可以看到程序成功运行了。

现在你可以把 dist 整个文件夹拷贝到 U 盘或者移动硬盘并分享给你的小伙伴了，和他们一起分享你在 Python 学习上的进步、快乐和成就感吧！

第34课
激活你的想象力和创造力

在之前的课程中，我们已经设定了游戏的场景、角色和对战的规则，所以基本上也是按照既定的内容设计跟着学习和模仿的。那么，请问你是否对其中某些环节的设计并不满意？你有没有更好的创意想要实现呢？

实际上，专业的游戏开发公司在开发一款面向市场的软件时，也是要考虑在各个方面做到极致的，如游戏的趣味性、挑战性、用户的自主性、感官体验和情感共鸣等。

那么你有哪些不一样的想法和更好的创意呢？你能不能把它们写下来，以后慢慢实现？

以下是我收集到的一些很棒的想法，供你选择或者参考。

1．怪兽飞碟。

怪兽飞碟位于屏幕正上方，它是怪兽的大本营，只要消灭它，我们就最终战胜了怪兽。怪兽飞碟有很高的生命值，每次子弹击中或者炸弹发射都能消耗它的生命值。

2．怪兽墓场。

怪兽墓场位于屏幕正上方，它是怪兽的发源地，只要消灭了怪兽墓场，就不会有新的怪兽产生。怪兽墓场也有很高的生命值，每次子弹击中或者炸弹发射都能消耗它的生命值。

3．超级大怪兽。

每隔一段较长的时间，就会出现一只不同样子的超级大怪兽。击败超级大怪兽后，游戏就会升级进入下一关。

4．超级怪兽的武器。

超级怪兽也能向战机发起攻击，比如毒液、钉子等。

5．战机的生命值。

战机也有生命值，能够抵御超级怪兽的武器攻击。

6．战机的能量补给。

除了正常的炸弹补给，战机还可以获得能量补给，能量补给可以恢复战机的生命值。

7．战机护甲装备。

战机每隔一段时间可以获得战机护甲，获得战机护甲后，战机可以飞向太空直接撞死怪兽。战机护甲还可以抵御超级怪兽的攻击。

8．不同类型的子弹装备。

战机可以不定时地获得不同类型的子弹装备，这些子弹装备可以通过不同的按键触发生效，并持续一段时间后失效。子弹类型包括双发子弹、三发子弹、自动连发、乌金子弹（可穿透）、激光子弹（发射激光光束）等。

9．地球的免疫力。

类似地球的生命值，每次怪兽攻击地球成功，都会消耗地球的免疫力值。当免疫力消耗完毕，则守护地球失败结束。战机接收到药丸补给，可以恢复地球的免疫力。

10．复活卡。

战机可以接收到复活卡装备。拥有复活卡可以在游戏结束后复活继续游戏。

如果你想选择使用上面的创意，或者有自己的想法想要实现，请你把它们写在下面的表格里，并想办法使用学过的编程知识尽量自主地去实现。

我的创意清单

创意标题	创意描述
1.	
2.	
3.	
4.	
5.	
6.	
7.	
8.	

写在最后

这是一本精心为你准备的编程书籍，我衷心地希望你能够喜欢它，并在编程的世界里找到属于自己的乐趣和成就。

本书的核心主题是基于 Python 的 Pygame 模块进行一个对战游戏的开发。这个主题不仅非常好玩，重要的是它也几乎综合了 Python 编程所需的主流知识和技巧。在统一的主题下，课程的内容由易到难，章节之间的内容紧密连贯、环环相扣。

在编写这本书的时候，我也始终尝试以容易理解和生动有趣的方式讲解 Python 编程。我相信，编程不只是一堆代码和命令，它是充满创造力和想象力的。

现在你已经完成了本书的全部内容，恭喜你！你自己亲手一步步编写了一个好玩的游戏！在这个过程中，你不仅学习到了大量的 Python 编程知识和技巧，也体验了一个完整的游戏程序从构思、设计、开发、测试、优化到最终发布的全过程。

在阅读本书的过程中，如果你有任何问题或困难，都可以在我的公众号中大胆提问。我也非常愿意帮你解答任何问题。同时，如果你有任何好的建议或想法，也欢迎与我分享。

这当然不会是你学习 Python 编程的终点。为了让你更快、更容易地进入 Python 的编程世界，Python 语法和 Pygame 模块中更多复杂的功能并没有在本书中体现，游戏编程也并非 Python 的唯一强项。在各个领域中，Python 的用途都非常广泛，如人工智能、数据科学、数据库编程、网络编程、网络爬虫、图像和视频处理等。希望你能够再接再厉，寻求更多的书籍资料进一步提升和拓展自己的编程能力。

我希望这本书能激发你对编程的兴趣，帮助你理解编程的基本概念，并引导你探索 Python 编程的无限可能。记住，编程是一种工具，它可以帮助你解决问题，创造新的想法，并激发你的创新精神！